教育部大学计算机课程改革项目规划教材

Python程序设计教程

○ 主 编 李 艳 李业刚
○ 副主编 贾 凌 解 红 王立香

中国教育出版传媒集团
高等教育出版社·北京

内容简介

本书面向高等学校非计算机专业的 Python 程序设计通识课程，针对零基础的读者。本书比较系统全面地介绍了 Python 语言的基本语法及编程技巧，通过对本书的讲授，可以循序渐进地培养学生利用 Python 语言解决复杂问题的能力。全书共 8 章，主要内容包括 Python 概述、Python 语言基础、流程控制结构、组合数据类型、函数与模块、文件、异常处理结构、Python 科学计算与数据分析。

本书为新形态教材，配套教学课件、微视频、源代码、案例素材等丰富的资源。全书条理清晰，内容由浅入深，实例丰富，适合作为高等学校 Python 程序设计通识课程的教材，也适合初学 Python 程序设计语言的读者自学使用。

图书在版编目（CIP）数据

Python 程序设计教程 / 李艳，李业刚主编 ；贾凌，解红，王立香副主编. --北京 ：高等教育出版社，2023.9（2024.8 重印）

ISBN 978-7-04-061137-3

Ⅰ. ①P… Ⅱ. ①李… ②李… ③贾… ④解… ⑤王… Ⅲ. ①软件工具-程序设计-高等学校-教材 Ⅳ. ①TP311.561

中国国家版本馆 CIP 数据核字(2023)第 167997 号

Python Chengxu Sheji Jiaocheng

策划编辑 刘 娟　责任编辑 刘 娟　封面设计 张申申　版式设计 徐艳妮
责任绘图 李沛蓉　责任校对 窦丽娜　责任印制 刘思涵

出版发行 高等教育出版社
社 址 北京市西城区德外大街 4 号
邮政编码 100120
印 刷 高教社（天津）印务有限公司
开 本 787 mm×1092 mm 1/16
印 张 13.25
字 数 320 千字
购书热线 010-58581118
咨询电话 400-810-0598
网 址 http://www.hep.edu.cn
http://www.hep.com.cn
网上订购 http://www.hepmall.com.cn
http://www.hepmall.com
http://www.hepmall.cn
版 次 2023 年 9 月第 1 版
印 次 2024 年 8 月第 3 次印刷
定 价 31.00 元

本书如有缺页、倒页、脱页等质量问题，请到所购图书销售部门联系调换

物 料 号 61137-00

前 言

PREFACE

程序设计基础是高等学校计算机基础教学的核心课程。通常，学校会选择一门高级程序设计语言作为教学语言，并以此作为工具讲授程序设计的过程和方法，进而培养学生的计算思维，为学生在今后利用程序设计语言解决本专业领域的问题打下坚实的基础。

Python 语言于 20 世纪 90 年代初由荷兰人 Guido van Rossum（吉多·范罗苏姆）首次公开发布，并历经多次版本更新，目前以“语法简单、句式清晰、高效实现”等特点已成为最受欢迎的程序设计语言之一。近年来，Python 多次登上诸如 TIOBE、PYP、Stack OverFlow、GitHub、Indeed、Glassdoor 等各大编程语言社区排行榜，根据 TIOBE 排行榜显示，Python 与 Java、C、C++位列全球流行语言的前 4 名。

当前，Python 已被广泛应用于众多领域，如科学计算、数据分析、Web 开发、系统运维、机器学习等。特别是随着我国将“加快发展新一代人工智能”提升到战略层面，可以看到，Python 语言被广泛应用于人工智能产品研发、行业大数据分析等各个领域，因此，可以说掌握 Python 语言已成为新世纪人才具备的基础素质之一。

本书面向零基础读者，从程序设计基本概念入手，通过大量实例由浅入深、循序渐进地讲述 Python 程序设计的基本概念和基本方法，使学生逐步掌握程序设计的基本方法和编程技巧，并学会使用该语言解决一些实际问题。

本书共有 8 章，主要内容包括 Python 概述、Python 语言基础、流程控制结构、组合数据类型、函数与模块、文件、异常处理结构、Python 科学计算与数据分析。本书具有以下特点：

1. 定位准确：本书主要面向非计算机专业学生，考虑到这部分学生的程序设计基础比较薄弱，有的甚至是零基础，因此，本书讲授了许多有趣的，与实际应用相结合的实例，通过对实例的讲授，能够激发学生的学习兴趣，进而引导学生开展自主学习。

2. 注重实践：对于非计算机专业的学生，在学习了程序设计语言后，更关注的是该语言的实际应用，因此本书注重介绍使用 Python 语言编写程序来解决可能面对的实际问题。

3. 注重能力培养：本书讲授的实例几乎都配有注释，这便于学生独立完成 Python 语言程序的编写与调试，有助于培养学生独立解决问题的能力。

4. 融入课程思政元素：本书在一些案例中融入了科学精神，这有助于培养学生正确认识问题、分析问题、解决问题的能力；培养学生探索未知、追求真理、勇攀科学高峰的责任感和使命感。

5. 内容严谨、重点突出：本书内容聚焦程序设计基础、文件读写和数据可视化 3 部分内容，避免刻意求全而罗列一些专业程序员才会用到的内容，力争在有限的学时内将常用的知识讲精讲透，使读者能够集中精力学会灵活使用书中讲述的知识解决相关问题。

6. 资源丰富、采用新形态构建形式：本书提供丰富的资源，包括微视频、例题源码、电子课件、知识点详解、案例素材等，这些素材可以在本书配套的Abook网站上下载。

本书作者均为长期从事计算机公共基础课程教学的教师，积累了丰富的教学经验，并把多年的教学经验融入本书。其中，第1、6章由贾凌编写，第2、5章由李业刚编写，第3、7章由李艳编写，第4章由解红编写，第8章由李艳、贾凌、王立香共同编写。李艳、李业刚负责统稿校订。本书在编写过程中得到了山东理工大学计算机科学与技术学院以及山东大学、吉林大学等学校教师的指导和支持，在此一并表示诚挚感谢。

由于时间仓促和水平有限，书中难免有疏漏之处，恳请读者不吝赐教。

作者

2023年7月

目 录
CONTENTS

第 1 章　Python 概述

人类社会已经进入数字经济时代，计算机深刻融入人们的生产、生活，例如，使用计算机来工作、购物、娱乐以及和亲朋好友沟通联络。计算机是如何做到的呢？实现这一目标的主要手段之一就是“编写程序”。通过程序设计语言编写一组可执行的指令，让计算机完成某项具体的任务。

电子教案

Python 是最受欢迎的程序设计语言之一。自从 2004 年以来，Python 的使用率呈线性增长。2023 年 1 月，在 TIOBE 公布的官方榜单中 Python 的流行度达到 16.36%，排名第一。Python 如此优异的表现可能并不会让人感到意外，毕竟现在很难找到一个没有广泛使用 Python 的编程领域，Python 在编程语言里已经是名副其实的“顶流”了。

1.1　Python 简介

1.1.1　Python 的起源与发展

Python 的创始人是荷兰人吉多·范罗苏姆（Guido van Rossum），如图 1-1 所示。1989 年，为了打发圣诞节假期，Guido 开始编写 Python 语言的编译器。Python 这个名字，来自 Guido 挚爱的电视剧“Monty Python's Flying Circus”。他希望这个新的叫作 Python 的语言，能符合他的理想：一种介于 C 语言和 Shell 语言之间的，功能全面，易学易用，可拓展的语言。

图 1-1　Guido van Rossum 和 Python

1991 年，第一个 Python 编译器诞生了。它是用 C 语言实现的，并能够调用 C 语言的库文件。从一诞生，Python 就具有类、函数、异常处理、包含表和词典在内的核心数据类型以及以模块为基础的拓展系统。

2008 年 12 月，Python 3.0 发布，Python 3.0 实现了很多非常有用的新功能，并且不再考虑兼容 2.x 版本。目前，用于开发主流应用的是 Python 3.x 版本。

1.1.2　Python 的特点

Python 具有如下特点：

- Python 的定位是优雅、明确、简单，所以其具有相对较少的关键字，语法简洁，结构简单，代码定义清晰，代码量更小，更接近自然语言，易于阅读和理解，所以 Python 语言入门容易。
- 开发效率非常高，Python 提供了丰富的标准库和扩展库。Python 标准库是在安装 Python 时默认安装的库，提供系统管理、网络通信、数学运算、文本处理、文件处理等基本功能；Python 扩展库是由第三方开发，用于扩展 Python 的功能和特性，需要下载并安装后才可使用，目前，扩展库已达十几万个，几乎涵盖所有领域。借助这些库，可以快速地开发程序，甚至解决领域复杂问题。
- 属于高级语言，使用 Python 语言编写程序的时候，无须考虑诸如如何管理程序使用的内存一类的底层细节。
- 可移植性好，Python 是 FLOSS（自由/开放源码软件）之一。使用者可以自由地使用 Python 开发和发布自己编写的程序，且不需要支付费用，这其中也不涉及版权问题。基于其开放源代码的特性，Python 程序无须修改就可以运行在诸如：Linux、Windows、Mac OS、树莓派等不同的计算机平台上，并且在不同计算机上，程序都会呈现完全一致的行为。
- 具有良好的可扩展性，如果需要一段关键代码运行得更快或者希望某些算法不公开，可以把部分程序用 C 或 C++编写，然后 Python 程序中使用它们。
- 具备可嵌入性，可以把 Python 嵌入 C/C++程序，从而向程序用户提供脚步功能。
- Python 既支持面向过程的编程也支持面向对象的编程。在面向过程的语言中，程序是由过程或可重用的函数模块构建起来的；在面向对象的语言中，程序是由数据和功能组合而成的对象构建起来的。与其他语言相比，Python 以一种非常强大又简单的方式实现面向对象编程。

同时，也不可忽视 Python 语言的局限性：

- 速度慢，Python 的运行速度相比 C 语言确实慢很多，与 Java 相比也要慢一些，因此这是很多所谓的大牛不屑于使用 Python 的主要原因，但其实这里所指的运行速度慢在大多数情况下用户是无法直接感知到的，必须借助测试工具才能体现出来！
- 代码不能加密，因为 Python 是解释性语言，它的源码都是以明文形式存放的，不过也可以不认为这是一个缺点，如果项目源代码必须是加密的，那一开始就不应该使用 Python 去实现。
- 线程不能利用多 CPU 问题，这是 Python 被人诟病最多的一个缺点，GIL 即全局解释器锁（global interpreter lock）是计算机程序设计语言解释器用于同步线程的工具，使得任何时刻仅有一个线程在执行。Python 的线程是操作系统的原生线程，在 Linux 上为 pthread，在 windows 上为 Win thread，完全由操作系统调度线程的执行。一个 Python 解释器进程内有一条主线路以及多条用户程序的执行线程。即使在多核 CPU 平台上，由于 GIL 的存在，所以禁止线程的并行执行。

1.1.3　Python 的应用领域

Python 的应用领域主要包括以下几个方面。

1. 网络爬虫（Spider）

当今，互联网数据已成为一种核心资产，但是互联网的信息是海量的，如何从中快速获取有用的信息呢？网络爬虫就派上用场了。如果将互联网形象地比喻为一张庞大的蜘蛛网，那么 Spider 就是在网上爬来爬去的蜘蛛。网络爬虫的基本操作是抓取网页，而利用 Python 语言编写爬虫程序非常简单，通过 requests 库抓取网页数据，使用 BeautifulSoup 解析网页并清晰地组织数据就可以快速精准获取数据，所以 Python 在网络爬虫中应用非常广泛。

2. 云计算

云计算的服务模式有 3 种：软件即服务（software as a service，SaaS）、平台即服务（platform as a service，PaaS）和基础设施即服务（infrastructure as a service，IaaS），其中 IaaS 和 SaaS 需要用 OpenStack（云计算管理平台）来搭建，然而 OpenStack 是由 Python 语言编写的，从这里就可以看出云计算和 Python 编程语言的必然联系了，因此，可以说学好 Python 是进入云计算领域的基础。

3. Web 开发

Python 拥有成熟的 Web 开发框架，如 Django、Flask 等，这些开发框架具有控件丰富、开发编码量小、安装布置上手快、具有极高的开发效率、可实现快速 Web 开发等优点。

4. 自动化运维

因为 Python 的第三方库提供了自动化运维所需的功能，Python 也有相关的强大工具可以满足绝大部分自动化运维的需求，所以，Python 已成为运维工程师首选的编程语言。

5. 科学计算和数据分析

Python 拥有许多支持科学计算和数据分析的库和工具，如 NumPy、SciPy、Pandas、Matplotlib 等，这使得 Python 成为科学计算和数据分析的首选语言。NumPy 是 Python 中用于科学计算的基本库，提供高效的多维数组对象及相关工具；SciPy 是开源的高级科学计算库，用于执行数学、科学和工程计算，包括插值、积分、优化、信号处理、统计等；Pandas 是用于数据操作和数据分析的库，支持各种数据格式和数据操作，如数据清洗、数据转换和数据聚合等；Matplotlib 是 Python 中最流行的绘图程序库，用于创建静态、动态和交互式图表，让数据快速可视化。

6. 人工智能

人工智能的核心是算法和模型，所以需要快速聚焦到问题本身，而且能够进行交互式的模型训练，而能够满足上述这些需求的编程语言只有 Python 了。目前主流的两大深度学习框架 TensorFlow 和 Pytorch 都是用 Python 编写的，甚至小而美的 Darknet 框架也是用 Python 开发的。

7. 游戏开发

由于 Python 具有很好的 3D 渲染库和游戏开发框架，因此适合用来做游戏开发。

1.2 搭建 Python 开发环境

用户可以在 Python 官方网站免费下载针对 Windows、Mac OS 和 Linux 操作系统的 Python 安装文件。不同平台安装 Python 的方法不尽相同，本书介绍基于 Windows 平台搭建 Python 开发环境的方法。

1.2.1 安装 Python 开发环境

1. 下载 Python 安装文件

（1）访问 Python 的官方网站（简称官网），在官网上依次选择“Downloads”→“Windows”选项，如图 1-2 所示。

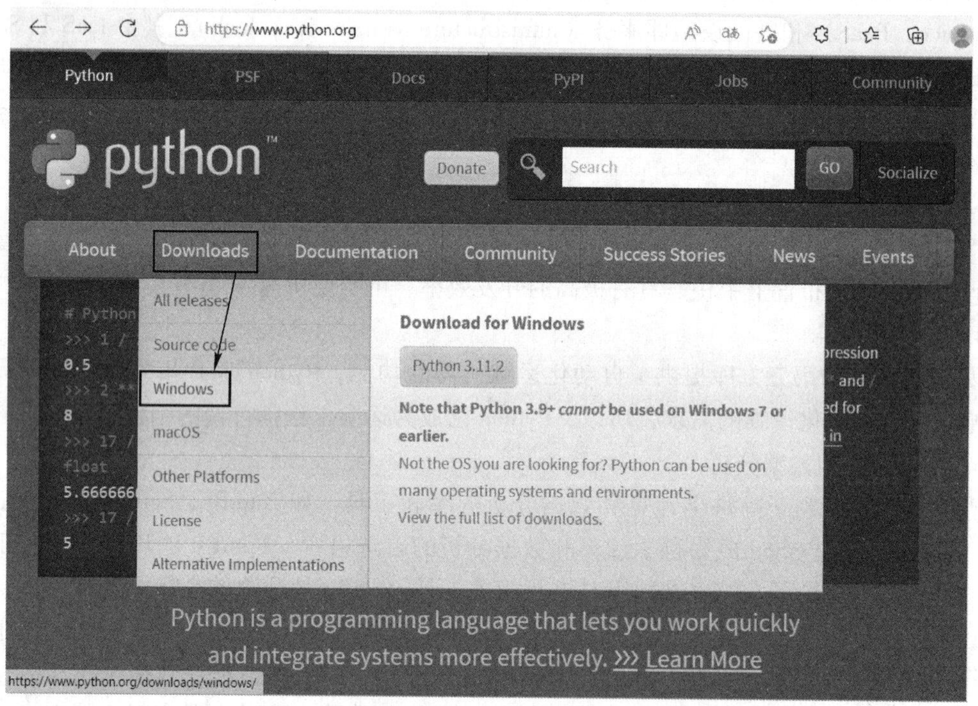

图 1-2 Python 官网主页

（2）根据计算机操作系统的配置（32 位或 64 位）选择相应的版本，下载 Python 安装文件，建议选择如图 1-3 所示左列的稳定发行版。

安装文件分为 embeddable package 和 installer 两种，其中，embeddable package 表示下载的是一个压缩包，解压缩后即可完成安装（需要用户自己配置环境变量）；install 表示下载的是一个 exe 可执行程序，需要安装后才能使用。一般选择后者。

Python Releases for Windows

- Latest Python 3 Release - Python 3.11.2

Stable Releases

- Python 3.10.10 - Feb. 8, 2023
  Note that Python 3.10.10 *cannot* be used on Windows 7 or earlier.
  - Download Windows embeddable package (32-bit)
  - Download Windows embeddable package (64-bit)
  - Download Windows help file
  - Download Windows installer (32-bit)
  - Download Windows installer (64-bit)
- Python 3.11.2 - Feb. 8, 2023
  Note that Python 3.11.2 *cannot* be used on Windows 7 or earlier.
  - Download Windows embeddable package (32-bit)
  - Download Windows embeddable package (64-bit)

Pre-releases

- Python 3.12.0a5 - Feb. 7, 2023
  - Download Windows embeddable package (32-bit)
  - Download Windows embeddable package (64-bit)
  - Download Windows embeddable package (ARM64)
  - Download Windows installer (32-bit)
  - Download Windows installer (64-bit)
  - Download Windows installer (ARM64)
- Python 3.12.0a4 - Jan. 10, 2023
  - Download Windows embeddable package (32-bit)
  - Download Windows embeddable package (64-bit)
  - Download Windows embeddable package (ARM64)
  - Download Windows installer (32-bit)
  - Download Windows installer (64-bit)
  - Download Windows installer (ARM64)

图 1-3　Python 安装文件下载界面

2. 运行安装文件

（1）双击安装文件，进入安装向导。注意勾选图 1-4 所示的“Add Python. exe to PATH”复选框，以便将 Python 的安装目录路径自动添加到环境变量 PATH 中，否则需要用户手动配置环境变量。然后，单击“Install Now”（默认安装）链接即可开始安装。

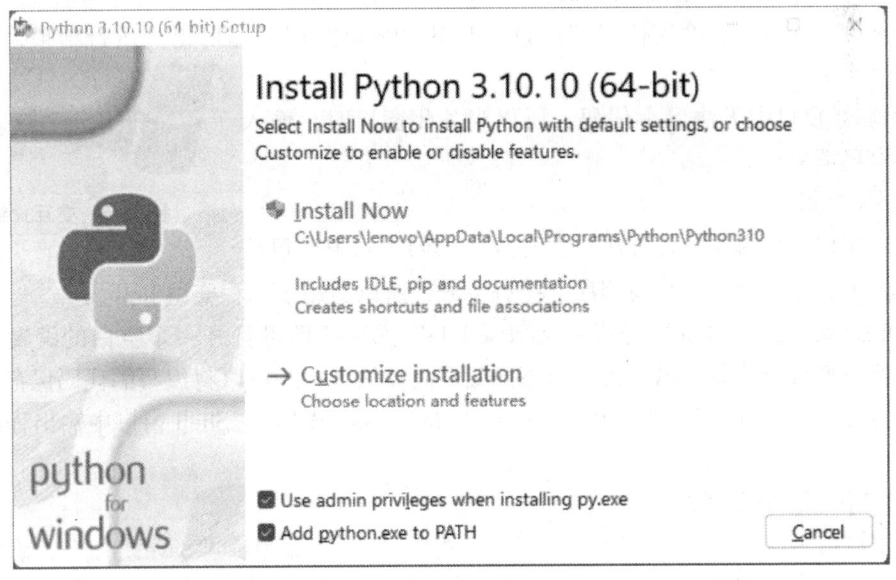

图 1-4　Python 安装向导

（2）当出现安装成功窗口时，单击“Close”按钮，完成安装。

1.2.2 创建 Python 程序

当 Python 安装环境安装成功后，在 Windows 的“开始”菜单中将出现 Python 程序选项组，如图 1-5 所示。

其中，IDLE（integrated development and learning environment，集成开发与学习环境）是 Python 自带的开发环境，具备基本的集成开发环境（IDE）的功能，需要根据开发需求安装第三方库。IDLE 提供如下两种类型的窗口：

（1）Shell 窗口：用于交互式编程，直接执行 Python 指令。

（2）编辑窗口：用于文件式编程，能够输入和保存程序。

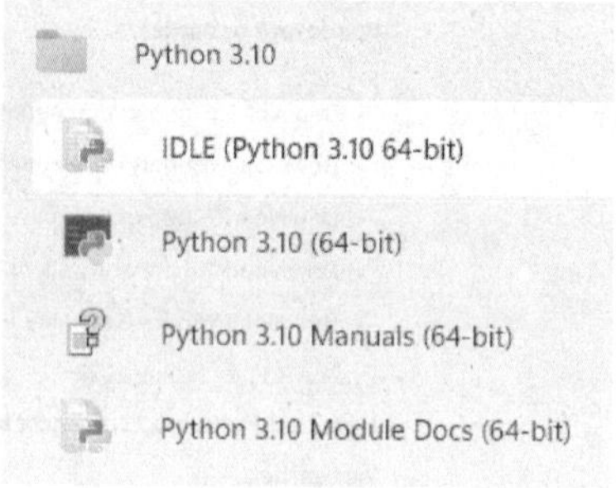

Python 3.10
IDLE (Python 3.10 64-bit)
Python 3.10 (64-bit)
Python 3.10 Manuals (64-bit)
Python 3.10 Module Docs (64-bit)

图 1-5　Python 程序选项组

下面将分别介绍交互式编程和文件式编程。

1. 交互式编程

由于 Shell 窗口的输入输出比较直观，可以快速得到结果，所以多用于对简短的代码进行检测。

单击 Windows“开始”菜单→Python 程序选项组→“IDLE”选项即打开 Shell 窗口，进入交互式编程环境。在该环境中，用户不用创建新文件，只需直接在“>>>”提示符后输入代码，按 Enter 键，即可执行指令、显示运行结果。

【**例 1.1**】输出显示“Hello World!”。

在提示符“>>>”后输入代码“print("Hello World!")”，即可得到运行结果，如图 1-6 所示。

因为 Shell 窗口中无法保存代码，所以当关闭窗口时，输入的代码将永远消失。

```
>>> print("Hello World!")
Hello World!
>>>
```

图 1-6　交互式编程

2. 文件式编程

文件式编程的编辑窗口允许用户保存程序代码，其中还包括一些内置的工具以帮助用户编写程序、排查错误，所以适用于编程实践和开发。

在 IDLE 中，选择“File”菜单→“New File”选项，即可打开一个空白的编辑窗口。用户可以在编辑窗口中编写代码，代码以不同颜色高亮显示，还可以将编写的代码保存为扩展名为 py 的文件，通过“Run”菜单中的“Run Module”命令即可在 Shell 窗口中输出程序的运行结果。

【**例 1.2**】判断奇偶数。

在编辑窗口中编写代码，如图 1-7 所示，选择“File”菜单→“Save”命令，确定保存文件的位置和文件名，例如，d:\py\evensandodds.py。选择“Run”菜单→“Run Module”命令，或按 F5 键运行程序，在 Shell 窗口中输入数据，即可输出运行结果。

```
evensandodds.py - D:/py/evensandodds.py (3.10.10)
File Edit Format Run Options Window Help
num=int(input("请输入一个整数："))
if num%2==0:
    print(num,"is even.")
else:
    print(num,"in odd.")
Ln: 6 Col: 0
```

图 1-7 文件式编程

1.2.3 其他常用开发环境

除了 Python 自带的 IDLE 之外，常用的 Python IDE 还包括 PyCharm、Spyder、Anaconda 和 Jupyter Notebook 等，下面将分别简要介绍。

1. PyCharm

PyCharm 是由 JetBrains 开发的一款 Python IDE。PyCharm 具备一般 IDE 的功能，如调试、语法高亮、项目管理、代码跳转、智能提示、自动完成、单元测试、版本控制等；还提供一些高级功能，用于支持 Django 框架下的专业 Web 开发。PyCharm 使用简单，功能强大，可以帮助用户提高开发效率。

2. Anaconda

Anoconda 是一个开源的集成有 Python 运行环境的开发平台，包含包管理工具、Python 管理环境和大量常用的数据科学包。

3. Spyder

Spyder 是一款开源的 Python 集成开发环境，除了拥有一般 IDE 普遍具有的编辑器、调试器、用户图形界面等组件外，还具有对象查看器、变量查看器、交互式命令窗口、历史命令窗口等组件，以及数组编辑与个性定制等多种功能，适用于科学计算。

4. Jupyter Notebook

Jupyter Notebook 是基于网页的用于交互式计算的应用程序，能将文本注释、数学方程、代码和可视化内容全部组合到一个易于共享的文档中，以 Web 页面的方式展示，适用于数据清理和转换、数值模拟、统计建模、机器学习等。

1.3 编写程序的基本方法

1.3.1 编写程序的步骤

使用程序设计语言编写正确有效的程序，解决特定问题的过程称为程序设计。那么如何编写程序，编程需要什么步骤呢？

IPO 是最基本的程序编写方法，它的全称是 Input-Process-Output，即输入-处理-输出。

- I（Input）：表示输入，输入途径有多种，包括文件输入、网络输入、控制台输入、交互界面输入、内部参数输入等，输入往往作为一个程序的起点。
- P（Process）：表示处理，是程序对输入数据进行计算、产生输出结果的过程，其中，处理方法称为算法，它是程序的主要逻辑部分。
- O（Output）：表示输出，程序的输出包括控制台输出、图形输出、文件输出、网络输出、操作系统内部变量输出等，是程序展示运算结果的方式。

【例 1.3】根据半径求圆面积。

编写程序的具体过程如下：

（1）分析待求解问题，建立 IPO 模型，即针对待求解问题，挖掘已知的数据和条件，找出输入、输出和各数据之间的关系，建立此例的 IPO 模型为：

输入：输入半径数值。

处理：利用半径和面积的关系抽象出处理过程，即算法。

输出：输出面积数值和标识。

（2）设计算法，算法是解决问题的方法和步骤。由于问题难度不同，算法的规模和复杂度也不同。此例中，使用变量 *r* 表示半径，变量 *s* 表示面积，根据圆面积计算公式，得到算法表达为：

$$s = 3.1415926 * r * r$$

（3）编写程序，即根据已确定的算法，使用 Python 语言编写具体的程序代码。

此例中，使用 input 函数从键盘获取输入数据，由于接收的是字符串类型，所以需要使用 float 函数使其转换为浮点数类型；使用 print 函数向显示器输出运行结果。具体程序代码为：

```
r = float(input("请输入半径值:"))
s = 3.1415926 * r * r
print("圆面积为:",s)
```

（4）调试程序，对程序进行调试是非常有必要的，调试可以帮助用户发现程序中的错误和缺陷，加以纠正，确保程序能够正确运行。

（5）代码优化，为了提高程序的运行效率和响应速度，在必要的情况下，可以对代码进行优化处理。

本例中，圆周率可以使用 Python 自带的标准库 math 模块中的常数 pi 代替，以获得更加精准的数值。

1.3.2 程序中导入库

Python 拥有系统内置的函数库、标准库和第三方库。系统内置的函数库可以直接使用；标准库需在程序代码中通过 import 语句导入后才可使用；第三方库在使用之前必须先完成安装，

第三方库的安装方法将在后续章节中介绍。

例如，例 1.3 的代码可修改为：

```
from math import pi   #导入 math 库的 pi 对象
r = float(input("请输入半径值:"))
s = pi * r * r
print("圆面积为:",s)
```

1.4　编写规范

Python 能够让开发者用更少的代码表达想法。为了保证代码的易读性、可维护性、稳定性，以及提高脚本的美观度、运行性能，并提前发现一些隐藏的 bug，需要一系列通用的规则来规范编写风格，常见的编写规范如下：

1. 缩进

缩进是 Python 语言重要的语法特征，表达代码的逻辑从属关系，相同级别的代码必须具有相同的缩进量。缩进影响代码的可读性，关系到 Python 程序能否正确运行。开发环境也会根据语法自动缩进。Python 采用代码缩进和冒号“:”来区分代码块之间的层次。在 Python 中，对于类定义、函数定义、流程控制语句、异常处理语句等，行尾的冒号和下一行的缩进，表示下一个代码块的开始，而缩进的结束则表示此代码块的结束。

注意：

Python 中对代码的缩进可以使用空格或者 Tab 键实现，但无论是手动输入空格，还是使用 Tab 键，通常情况下都是采用 4 个空格长度作为一个缩进量（默认情况下，按 1 次 Tab 键就表示缩进 4 个空格）。

2. 空行和空格

适当的空行和空格可以使代码清晰，提高程序的可读性。空行，一般用于分隔不同的功能、函数、模块等；空格，一般用于运算符两侧。

3. 注释

注释应该描述代码的目的和工作原理。在代码中使用注释可以使代码更易于理解，它不会被程序运行。Python 包括单行注释和多行注释。单行注释，以“#”开始到本行结束的内容为注释；多行注释，一对三单引号或三双引号之间的内容为注释，一般包括代码使用场景、支持的功能、调用顺序、调用例子、版本依赖、日期和作者等。

4. 命名

Python 中变量、函数、类和模块的命名需要遵循见名知意、区分大小写、不与保留字冲突等规则。

5. 语句书写

通常每个语句应该独占一行书写。如果一个代码行比较长，可以通过显式行连接或隐式行连接的方式书写在多行上。

在行的结尾使用反斜杠“\”续行，进行显式行连接，例如，

```
x = ('这是一个字符串,\
这是字符串的连续。')
```

Python 能够将圆括号、中括号和花括号中的行进行隐式行连接。例如，

```
x = ('这是一个字符串,'
     '这是字符串的连续。')
```

以上两种方式都可使变量 x 赋值为“这是一个字符串，这是字符串的连续。”。

遵循编写规范，养成良好的编程习惯，可以有效提高 Python 程序的可读性和可维护性，提高程序开发效率，保证程序的准确性。

第 2 章　Python 语言基础

电子教案

数据是程序处理的对象，Python 处理的数据是多种多样的，主要分为数值型数据和非数值型数据，数值型数据是数学运算和推理运算表示的基础，非数值型数据则承担了信息表达和描述的功能。数据类型在数据结构中的定义是一组性质相同的值的集合以及定义在这个值集合上的一组操作的总称。本章介绍 Python 不同类型的数据是如何实现存储的，分别能进行什么操作以及常见的运算有哪些。

2.1　标识符、常量和变量

2.1.1　标识符

1. 概述

在 Python 编程语言中，标识符就是程序员自己规定的具有特定含义的词语，例如，类名、函数名、变量名和模块名等，就像在现实世界中，万物都需要起一个名字，便于称呼和指代一样。可以把标识符理解为一个名字，这个名字就是变量、函数、类、模块以及其他对象的名称。

在给标识符命名时，一般应该遵循“见名知意”的原则，例如，用户看到变量名 user_name，就能大概猜出该变量存放的是与“用户名字”相关的内容，由此可见，好的标识符可以极大增强程序的可读性。

驼峰式命名法（camel case）是近年来越来越流行的一套命名规则。所谓驼峰式命名法就是当变量名、函数名等是由一个或多个单词连结在一起构成时，变量名部分字母大写，因此变量名看上去就像骆驼峰一样此起彼伏，故而得名。

驼峰式命名法可分为以下两种：

（1）小驼峰式命名法（lower camel case）：第 1 个单词的首字母小写，第 2 个单词的首字母大写，如 myName、userName。

（2）大驼峰式命名法（upper camel case）：每一个单字的首字母都大写，如 UserName、LastName。

除此之外，还有一种命名法也比较流行，就是用下画线“_”来连接所有的单词，如user_name。

2. 标识符的命名规则

Python 标识符的命名要遵守一定的规则，具体规则如下：

（1）Python 2. x 中的标识符命名规则为：

- 标识符由字母（A～Z 和 a～z）、下画线和数字组成。
- 标识符的第 1 个字符不能是数字。
- 标识符不能和 Python 关键字相同。
- 标识符对大小写敏感，即标识符中的字母是严格区分大小写的。

（2）Python 3.0 的标识符命名引入了 ASCII 范围外的字符，如可以用中文作为变量名，即非 ASCII 标识符也允许被用作变量名。

> 注意：
>
> 因为以下画线开头的标识符有特殊含义，所以除非特定场景需要，否则应避免使用以下画线开头的标识符；标识符可以是汉字，但应尽量避免使用汉字作为标识符，因为汉字的标识符容易导致很多不必要的错误。下面分别列举一些合法和不合法的标识符。

- 合法的标识符：a、i、name、Name，user_name。
- 不合法的标识符：user&name、3a、else。

（3）Python 标识符在不同场景中其命名也有一些约定规则，具体如下：

- 函数名、类中的属性名、类中的方法名：全部使用小写字母，多个字母之间可用下画线“_”分隔，如 user_age、user、book_num 等。
- 常量名全部使用大写字母，多个字母之间可用下画线“_”分隔，如 DEF_NUMBER、AGE、YEAR 等。
- 类名的首字母要大写，如 User、Book、Blog 等。
- 包名应尽量简短，且全部使用小写字母，多个字母间可用“.”隔开，如 com.baidu、com.Python、net.csdn.editor 等。
- 模块名应尽量简短，且全部使用小写字母，多个字母间可用下画线“_”隔开，如 user_login、game_login、book_name 等。

3. Python 预定义标识符

Python 保留的一些具有特殊功能的标识符就是所谓的关键字。关键字是目前 Python 已经使用的，所以不允许程序开发者定义的标识符与关键字相同。

若要查看 Python 包含的保留关键字可以执行如下命令：

```
>>> import keyword
>>> keyword.kwlist
```

```
['False', 'None', 'True', 'and', 'as', 'assert', 'break', 'class', 'continue', 'def', 'del', 'elif', 'else', 'except', 'finally', 'for', 'from', 'global', 'if', 'import', 'in', 'is', 'lambda', 'nonlocal', 'not', 'or', 'pass', 'raise', 'return', 'try', 'while', 'with', 'yield']
```

需要注意的是，Python 是严格区分大小写的，关键字也不例外，例如，虽然 if 是保留字，但是 IF 不是保留字。

在程序开发中，如果误将 Python 中的保留关键字作为标识符，解释器会提示错误信息“invalid syntax”。

Python 中除了关键字之外，还有一些标识符类具有特殊的含义。这些标识符类的命名模式是以下画线字符开头和结尾，具体如下所示：

- _＊，以单下画线开头的标识符。表示不能直接访问的类属性，它不会被 from module import ＊ 导入。特殊标识符“_ ”在交互式解释器中被用来存储最近一次的求值结果；它保存在 builtins 模块中。当不处于交互模式时，“_”无特殊含义也没有预定义。
- __＊__，以双下画线开头和结尾的标识符。表示系统定义的名称，是专用标识符。这些名称由解释器及其实现（包括标准库）所定义。未来的 Python 版本中还将定义更多此类名称。任何不遵循文档指定方式使用 __＊__名称的行为都可能导致无警告的出错。
- __＊，以双下画线开头的标识符。表示类的私有名称。这种名称在类定义中使用时，会以一种混合形式重写，以避免在基类及派生类的“私有”属性之间出现名称冲突。

2.1.2 常量

常量就是在程序运行过程中保持不变的量。常量分为如下几种。

（1）int：表示整数常量，通常称之为整型，由零、正数或负数和不带小数点的数字组成。一般在程序中整数的默认表现形式都是十进制，也有二进制、八进制或十六进制，例如，0、-3 等。

（2）float：表示浮点数常量，也就是小数，如果小数过大或者过小，可以使用科学记数法来表示，如 2.4e-7、3.14 等。

（3）complex：表示复数常量，复数就是由实部和虚部组成的数字，一般标识为 a + bj，Python 中表示为 complex(a,b)，如 2+3j。

（4）bool：表示布尔常量，其只有两个值 True 与 False，分别表示对与错，1 与 0 或正与反，布尔常量一般用于布尔运算。

（5）None：表示空值常量，空值是 Python 的一个特殊值，不能将其理解为 0，因为 0 本身是一个数字，这个数字是存在的，只不过从数值上而言是没有，而 None 是表示什么都没有！

（6）str：表示字符串常量，即表示一段文本信息，一般是用双引号或者单引号括起来的数据，如“Hello”。在 Python 中，不存在字符型数据（C 语言中存在 char 的概念，表示的是一个字符），即便一个字符串中只包含一个字符，在 Python 中也叫字符串。

2.1.3 变量

几乎所有的编程语言都支持变量，Python 自然也不例外。变量是编程的起点，程序需要将数据存储到变量中。变量在 Python 中是有类型的，如 int、float 等，但是在编程时无须关注变量类型，所有的变量都无须提前声明，赋值后就能使用。另外，可以将不同类型的数据赋值给同一个变量，也就是说，Python 变量的类型是可以改变的。

1. 变量的赋值

在编程语言中，将数据放入变量的过程称为赋值。Python 使用等号“=”作为赋值运算符，具体格式为：

```
name = value
```

其中，name 表示变量名；value 表示值，也就是要存储的数据。

例如，下面的语句的功能是将整数 628 赋值给变量 n。

```
n = 628
```

注意：

在本书以后的代码中，n 就代表整数 628，使用 n 也就是使用 628。

接下来，看一些其他类型数据赋值的例子，例如，

```
pi = 3.1415926                    #将圆周率赋值给变量 pi
url = "http://www.sdut.edu.cn"    #将山东理工大学的网址赋值给变量 url
real = True                       #将布尔值赋值给变量 real
```

Python 变量的值不是一成不变的，它可以随时被修改，只要重新赋值即可；另外 Python 中也不用关心数据的类型，可以将不同类型的数据赋值给同一个变量。例如下面的语句：

```
n = 628               #将 628 赋值给变量 n
n = 1                 #将 1 赋值给变量 n
n = 33                #将 33 赋值给变量 n
x = 12.5              #将小数赋值给变量 x
x = 85                #将整数赋值给变量 x
x = "Hello world!"    #将字符串赋值给变量 x
```

需要注意的是，变量一旦被重新赋值，原来的值就被覆盖了，不能再访问了，换言之，一个变量只能容纳一个值。

除了赋值单个数据，也可以将表达式的运行结果赋值给变量，例如，

```
s = 10 + 20           #将求和结果赋值给变量 s
r = 6 * 6 * 6         #将乘积结果赋值给变量 r
str = "中国" + "制造"  #将字符串拼接结果赋值给变量 str
```

2. 变量的使用

在 Python 中，只要知道变量的名字，即可使用变量。几乎在 Python 代码的任何地方都能使用变量，请看下面的例子。

```
>>> n = 10
>>> print(n)          #将变量传递给函数
10
>>> m = n * 10 + 5    #将变量作为四则运算的一部分
>>> print(m)
105
>>> print(m-30)       #将由变量构成的表达式作为参数传递给函数
75
>>> m = m * 2         #将变量本身的值翻倍
>>> print(m)
210
```

```
>>> a = "中国"
>>> b =a+ "制造"            #将变量 a 和字符串“制造”拼接的结果赋给变量 b
>>> print(b)
中国制造
```

3. 弱类型

在强类型的编程语言中，定义变量时要指明变量的类型，而且赋值的数据也必须是相同类型的，C、C++、Java 都是强类型语言的代表。

下面 C 语言为例来演示强类型语言中变量的使用。

```
int n = 10;          //int 表示整数类型
n = 100;
n = "中国制造";      //错误：不能将字符串赋值给整数类型
m = 200;             //错误：没有声明类型的变量是没有定义的，不能使用
```

与强类型语言相对应的是弱类型语言，Python、JavaScript 和 PHP 等脚本语言属于弱类型语言。

弱类型语言有以下两个特点：

- 变量无须声明就可以直接赋值，对一个不存在的变量赋值就相当于定义了一个新变量。
- 变量的数据类型可以随时改变，例如，同一个变量可以一会儿被赋值为整数，一会儿被赋值为字符串。

注意：

弱类型并非没有类型，只是在书写代码时不必刻意关注类型，但是在编程语言的内部仍然是有类型的。可以使用内置函数 type()检测某个变量或者表达式的类型，例如，

```
>>> num = 10
>>> type(num)
<class 'int'>
>>> num = 15.8
>>> type(num)
<class 'float'>
>>> num = 20 + 15j
>>> type(num)
<class 'complex'>
>>> type(3 * 15.6)
<class 'float'>
```

2.2　基本数据类型

Python 的数据类型可以分为以下 7 类。

- Numbers（数值）
- Boolean（布尔）

- String（字符串）
- List（列表）
- Tuple（元组）
- Dictionary（字典）
- Set（集合）

在 Python 的这 7 类数据类型中，依据对该数据类型进行增删修改后是否还是指向同一内存地址，又可以分为可变数据类型和不可变数据类型。若对一数据类型进行增删修改后还是指向同一内存地址，则为可变类型，若对一数据类型进行增删修改后内存地址也改变，则为不可变类型。它们的具体分类如下：

- 不可变数据类型（共 4 个）：Number（数值）、Boolean（布尔）、String（字符串）、Tuple（元组）；
- 可变数据类型（共 3 个）：List（列表）、Dictionary（字典）、Set（集合）。

值得一提的是，数值型数据又可以分为整型、浮点型、复数和布尔类型。

2.2.1 整型

1. 概述

整数就是没有小数部分的数值，Python 中的整数包括正整数、0 和负整数。

有些强类型的编程语言会提供多种整数类型，每种类型的长度都不同，能容纳的整数的大小也不同，开发者要根据实际数字的大小选用不同的类型。例如，C 语言可以提供 char、short、int、long 4 种类型的整数，它们的长度依次递增，初学者在选择整数类型时往往比较迷惑，有时选择不当时还会导致数值溢出。

然而 Python 则不同，它的整数不分类型，或者说它只有一种类型的整数。Python 整数的取值范围是无限的，不管多大或者多小的数值，Python 都能轻松处理。当所用数值超过计算机自身的计算能力时，Python 会自动转用高精度计算（大数计算）。

请看下面的示例代码：

```
#将 6 赋值给变量 n
n = 6
print(n)
print(type(n))
#给 x 赋值一个很大的整数
x = 8888888888888888888888
print(x)
print(type(x))
#给 y 赋值一个很小的整数
y = -7777777777777777777777
print(y)
print(type(y))
```

```
运行结果：
78
<class 'int'>
8888888888888888888888
<class 'int'>
-7777777777777777777777
<class 'int'>
```

在上述代码中，x 是一个极大的数字，y 是一个极小的数字，Python 都能正确输出，不会发生溢出，这说明 Python 对整数的处理能力非常强大。不管对于多大或者多小的整数，Python 只用一种类型存储——int。

2. 其他进制表示形式

在 Python 中，除了使用十进制形式以外，也可以使用二进制、八进制和十六进制多种进制形式来表示整数。

（1）十进制形式：平时常见的整数就是十进制形式，它由 0~9 共 10 个数字排列组合而成。使用十进制形式的整数不能以 0 作为开头，除非这个数值本身就是 0。

（2）二进制形式：由 0 和 1 两个数字组成，书写时以 0b 或 0B 开头，例如，0B101 对应十进制数是 5。

（3）八进制形式：八进制整数由 0~7 共 8 个数字组成，以 0o 或 0O 开头，第 1 个符号是数字 0，第 2 个符号是大写或小写的字母 o。

（4）十六进制形式：由 0~9 共 10 个数字以及 A~F（或 a~f）共 6 个字母组成，书写时以 0x 或 0X 开头。

不同进制整数在 Python 中的使用示例代码如下：

```
#十六进制
h1 = 0x10
h2 = 0x11
print(h1)
print(h2)

#二进制
b1 = 0b10
print(b1)
b2 = 0B11
print(b2)

#八进制
o1 = 0o10
print(o1)
o2 = 0O11
```

print(o2)

运行结果：
16
17
2
3
8
9

可以看到，示例中的输出结果都是十进制整数。

3. 数字分隔符

为了提高数字的可读性，Python 允许使用下画线“_”作为数值的分隔符，通常每隔 3 个数字添加一个下画线，类似于英文数字中的逗号，下画线不会影响数值本身的大小，只是为了便于阅读。

使用下画线分隔数值的示例为：

```
Total_Population = 1_456_140_000
print("2022 年中国人口:", Total_Population)
```

运行结果：
2022 年中国人口：1456140000

2.2.2 浮点数

在编程语言中，小数通常以浮点数的形式存储。浮点数和定点数是相对的，若小数点在存储过程中保持不动则称为定点数，否则就称为浮点数。浮点数把一个数的有效数字和数的范围在计算机的一个存储单元中分别予以表示，这相当于小数点的位置随数的比例因子不同在一定范围内可自由浮动，所以形象地称为浮点数。

浮点数在机器中由指数和尾数来表示。尾数部分给出浮点数有效数字的数位，决定浮点数的精度；指数指明小数点在数中的位置，决定浮点数的表示范围。

Python 中的浮点数有两种书写形式。

1. 十进制形式

十进制形式就是平时常见的小数形式，如 3.1415926,0.618,2.0。

注意：
书写小数时必须包含一个小数点，否则会被 Python 当作整数处理。

2. 指数形式

Python 小数的指数形式的写法为：

aEn 或 aen

其中，a 为尾数，n 为指数，都是十进制整数；E 或 e 是固定的字符，用于分割尾数部分和指数部分。整个表达式等价于 a 乘以 10 的 n 次方。例如，1.2e5：1.2 是尾数，5 是指数，3.14E-5：

3. 14 是尾数，-5 是指数。

需要注意的是，一个数只要写成指数形式就是浮点数，即使它的最终值看起来像一个整数，例如，4E3 等价于 4000，但 4E3 是一个浮点数。

在 Python 中，只有一种浮点数类型，就是 float。C 语言有多种浮点数类型，分别是单精度（float）、双精度（double）和长双精度型（long double），其中 float 能表示的数值取值范围最小，有效数字位数最少，long double 能表示的数值取值范围最大，有效数字位数最多。

浮点数在 Python 中的使用示例如下：

```
f1 = 12.5
print("f1_Value: ", f1)
f2 = 0.12345678901234567890
print("f2_Value: ", f2)
f3 = 12e4
print("f3_Value: ", f5)
f4 = 12.3 * 0.1
print("f4_Value: ", f6)
```

```
运行结果：
f1_Value:   12.5
f2_Value:   0.12345678901234568
f3_Value:   120000.0
f4_Value:   1.2300000000000002
```

从 f2 的运行结果可以看出，Python 能容纳一定有效数字的极小浮点数。print 在输出浮点数时，会根据浮点数的长度和大小适当地舍去一部分数字，或者采用科学记数法输出。注意，虽然 f3 的值是 120 000，但是它依然是浮点数类型，而不是整数类型。

特别地，浮点数 f4，显然 12. 3 * 0. 1 的计算结果是 1. 23，但是 print 的输出却不精确。这是因为小数在内存中是以二进制形式存储的，即便是简单如 0. 1 的浮点数，也无法精确转换成为二进制数，转换成的二进制数的小数是一串无限循环的数字，所以小数的计算结果一般包含有限的有效数字，都是不精确的。

2. 2. 3　复数类型

复数是 Python 的内置类型，直接书写即可，换言之，Python 语言本身就支持复数，不需要依赖于标准库或者第三方库。

复数由实部（real）和虚部（imag）构成，在 Python 中，复数的虚部以 j 或者 J 作为后缀，具体格式为：

a + bj 或者 a + bJ

其中，a 表示复数的实部，b 表示复数的虚部。

Python 复数的使用示例如下：

```
c1 = 1 + 2j
```

```
print("c1_Value：", c1)
print("c1_Type", type(c1))
c2 = 0.3 - 4.5j
print("c2Value：", c2)
#复数的运算
print("c1+c2：", c1+c2)
print("c1-c2：", c1-c2)
print("c1 * c2：", c1 * c2)
print("c1/c2：", c1/c2)
```

```
运行结果：
c1_Value： (1+2j)
c1_Type <class 'complex'>
c2Value： (0.3-4.5j)
c1+c2： (1.3-2.5j)
c1-c2： (0.7+6.5j)
c1 * c2： (9.3-3.9j)
c1/c2： (-0.42772861356932157+0.2507374631268437j)
```

可以发现，复数在 Python 内部的类型是 complex，Python 默认支持对复数的简单运算。

2.2.4 布尔类型

Python 用布尔类型来表示真（对）或假（错），例如，表达式“2>1”是正确的，在程序里称之为“真”，Python 使用 True 来代表“真”。再比如，表达式“2<1”是错误的，在程序里称之为“假”，Python 使用 False 来代表“假”。

True 和 False 都是 Python 的关键字。当输入 True 和 False 时，一定要注意首字母的大写，否则会导致解释器报错。

在运算中，布尔类型也可以当作整数来处理，即 True 相当于整数值 1，False 相当于整数值 0。因此，下面示例的运算在语法上也是没有问题的，但在实际应用中没有太大意义。

```
>>> False+1
1
>>> True+1
2
```

布尔类型的运算示例：

```
>>> 5>3
True
```

```
>>> 4>20
False
```

2.3 常用运算符

2.3.1 算术运算符

算术运算符也就是数学运算符，用来对数值进行运算，表 2-1 所示为 Python 中常见的算术运算符及其说明。

表 2-1 Python 中常见算术运算符及其说明

运算符	说　明	算术表达式示例	示例结果
+	加	1 + 1.5	2.5
-	减	8-1	7
*	乘	3 * 7	21
/	除	3/2	1.5
//	整除，返回商的整数部分	3//2	1
%	取余，返回余数	3 % 2	1
**	幂运算，返回 x 的 y 次方	2 ** 3	8

1. 加法运算符

(1) 数值加法：数值加法运算很简单，其运算规则与数学中的一样，如下例所示：

```
a=1
b=2
s=a+b
print(s)
a=3.2
b=1.3
s=a+b
print(s)
```

```
运行结果：
3
4.5
```

(2) 字符串运算：当符号“+”用于字符串运算时，表示字符串连接，即将两个字符串组合为一个新字符串，如下例所示：

```
a="中国"
b="制造"
s=a+b
print(s)
```

运行结果：
中国制造

2. 减法运算符

Python 中的减法运算也和数学中的规则相同。一种情况是用作减法运算，另一种情况用作求负运算（正数变负数，负数变正数），如下例所示：

```
n = 1
m = -n
x = -3.2
y = -x
print(m, ",", y)
```

运行结果：
-1 , 3.2

3. 乘法运算符

Python 中的数值乘法运算也和数学中的规则相同，如下例所示：

```
n = 3 * 7
f = 1.6 * 2
print(n, ",", f)
```

运行结果：
21 , 3.2

注意：

乘号除了可以用作乘法运算，还可以用来重复字符串，即将若干个同样的字符串连接起来，如下例所示：

```
str = "重要的事情!"
print(str * 3)
```

运行结果：
重要的事情！重要的事情！重要的事情！

4. 除法运算符

Python 提供了两个除法运算符“/”和“//”，其中，“/”表示普通除法，使用它计算出来的结果和数学中的计算结果相同；“//”表示整除，只保留运算结果的整数部分，舍弃小数部分（不是四舍五入）。如下例所示：

```
#“/”运算
print("-" *20)
```

```
print("6/3 =", 6/3)
print("3/5 =", 3/5)
print("12.3/4 =", 12.3/4)
print("12/3.45 =", 12/3.45)
print("12.345/6.7 =", 12.345/6.7)
print("-" *20)
#"//" 运算
print("6//3 =", 6//3)
print("3//5 =", 3//5)
print("12.3//4 =", 12.3//4)
print("12//3.45 =", 12//3.45)
print("12.345//6.7 =", 12.345//6.7)
print("-" *20)
```

运行结果:

```
--------------------
6/3 = 2.0
3/5 = 0.6
12.3/4 = 3.075
12/3.45 = 3.4782608695652173
12.345/6.7 = 1.8425373134328358
--------------------
6//3 = 2
3//5 = 0
12.3//4 = 3.0
12//3.45 = 3.0
12.345//6.7 = 1.0
--------------------
```

从代码的运行结果可以看出,“/”的计算结果总是小数,不管是否能除尽,也不管参与运算的是整数还是小数;“//”运算只有在小数参与运算时,结果才是小数,否则都是整数。

注意:

不论是“/”运算,还是“//”运算,当除数为 0 时都会导致语法错误“ZeroDivisionError: integer division or modulo by zero”。

5. 求余运算符

Python 中的求余运算符是“%”,用来求两个数相除的余数,其运算结果可以是整数,也可以是小数,其运算规则就是用前一个运算数除以后一个运算数,得到一个整数的商,剩下的值就是余数。需要注意的是,对于小数,求余的结果一般也是小数。

注意：

求余运算的本质是也是除法运算，所以第 2 个运算数也不能是 0，否则会导致 ZeroDivisionError 错误。

求余运算的示例如下：

```
print("-" * 20)
print("13%5 =", 13%5)
print("-13%5 =", -13%5)
print("13%-5 =", 13%-5)
print("-13%-5 =", -13%-5)
print("-" * 20)
print("7.7%3.3 =", 7.7%3.3)
print("77.77%3 =", 23.5%6)
print("77%3.33 =", 23%6.5)
print("-" * 20)
```

运行结果：

```
--------------------
13%5 = 3
-13%5 = 2
13%-5 = -2
-13%-5 = -3
--------------------
7.7%3.3 = 1.1000000000000005
77.77%3 = 5.5
77%3.33 = 3.5
--------------------
```

从运行结果可以发现：

- 求余结果的正负由第 2 个运算数决定。当第 2 个运算数是正数时，求余的结果是正数；当第 2 个运算数是负数时，求余的结果也是负数。
- 两个运算数都是整数时，求余的结果也是整数；只要有一个运算数是小数，求余的结果就是小数。
- 从小数求余的结果也可以看出，对小数求余意义不大。

6. 乘方运算符

Python 使用“ ** ”运算符来求一个数的乘方，由于开方是乘方的逆运算，所以也可以使用 ** 运算符间接地实现开方运算，如下例所示：

```
print('2 ** 3 =', 2 ** 3)
a=2
b=3
```

```
c=a ** b
print(c)
print('8 ** (1/3) =', 8 ** (1/3))
a=8
b=1/3
c=a ** b
print(c)
```

```
运行结果:
2 ** 3 = 8
8
8 ** (1/3) = 2.0
2.0
```

2.3.2　赋值运算符

赋值运算符是指为变量指定值的符号。最基本的赋值运算符的符号为“=”，它是双目运算符，其左侧的运算数必须是变量，不能是常量或表达式。其语法格式如下：

变量名称=表达式

Python 还支持多元赋值，多元赋值符号两侧的对象都是元组，元组的小括号可以省略，数据赋值给对应相同个数的变量，个数必须保持一致。例如，

```
>>> (x,y)=(1,2)
>>> x,y=1,2
```

上述两行代码是等价的，即

```
>>> x,y=y,x
```

分析：

① 内存中开辟两个地址空间用来存储 1 和 2，然后将变量 x、y 分别指向这两个地址，即 x=1、y=2。

② 首先等号左右两侧分别构造了两个元组，即(x,y)和(y,x)。

③ 等号右侧的元组(y,x)实际存储的是 2 和 1 所在的两个地址空间，即(2,1)。

④ x,y=y,x 相当于(x, y) = (y 对应的值,x 对应的值)，即(x,y)=(2,1)。

1. 基本赋值运算符

“=”是 Python 中最常见、最基本的赋值运算符，用来将一个表达式的值赋给一个变量，赋值运算的应用示例如下：

```
#将常量赋值给变量
a=1
b=2.3
c="中国"
#将变量的值赋给变量
```

```
a=b
#将表达式的值赋给变量
a=1+2*3
b=str(a)    #将数字转换成字符串
c=b+"abc"
```

2. 连续赋值运算符

Python 中的赋值表达式本身也是有值的，就是左侧变量的值。如果将赋值表达式的值赋值给另外一个变量，这就构成了连续赋值。请看下面的例子：

```
a=b=c=1
```

赋值运算符“=”具有右结合性，因此，需要从右到左分析上述表达式，具体为：

① c=1 表示将 1 赋值给变量 c，所以 c 的值是 1；同时，c= 1 这个子表达式的值也是 1。

② b=c=1 表示将 c=1 的值赋给 b，因此 b 的值也是 1；以此类推，a 的值也是。

③ 最终结果就是，a、b、c 3 个变量的值都是 1。

3. 扩展赋值运算符

Python 中赋值运算符结合其他运算符（包括算术运算符、位运算符和逻辑运算符），还能扩展出更强大的赋值运算符，如表 2-2 所示。扩展后的赋值运算符将使得赋值表达式的书写更加优雅和方便。

表 2-2　扩展赋值运算符

运算符	说　明	用法举例	等价形式
=	基本赋值	x = y	x = y
+=	加赋值	x += y	x = x + y
-=	减赋值	x -= y	x = x - y
*=	乘赋值	x *= y	x = x * y
/=	除赋值	x /= y	x = x / y
%=	取余数赋值	x %= y	x = x % y
**=	幂赋值	x **= y	x = x ** y
//=	取整数赋值	x //= y	x = x // y
&=	按位与赋值	x &= y	x = x & y
|=	按位或赋值	x |= y	x = x | y
^=	按位异或赋值	x ^= y	x = x ^ y
<<=	左移赋值	x <<= y	x = x << y
>>=	右移赋值	x >>= y	x = x >> y

应用扩展运算符的简单示例如下：

```
a=1
a+=4
print(a)
a*=5
```

```
print(a)
```

运行结果为：

```
5
25
```

赋值运算符只能针对已经存在的变量赋值，因为赋值过程中需要变量本身参与运算，如果变量没有提前赋值，它的值就是未知的，无法参与运算。例如，表达式 n+=1 的写法就是错误的，会导致语法错误“NameError: name 'n' is not defined”，因为该表达式等价于 n=n+1，n 没有提前定义，所以它不能参与加法运算。

2.3.3 位运算符

Python 位运算按照数据在内存中的二进制位进行操作，它一般用于驱动程序、图像处理和嵌入式系统等。位运算符只能用于运算数是整数类型的情况，它按照整数在内存中的二进制形式进行计算。Python 支持的位运算符如表 2-3 所示。

表 2-3 位运算符

位运算符	说明	应用示例
&	按位与	24 & 51
|	按位或	24|51
^	按位异或	24^51
~	按位取反	~24
<<	按位左移	7<<2，表示整数 7 按位左移 2 位
>>	按位右移	7>>3，表示整数 7 按位右移 3 位

1. 按位与运算符

Python 中的按位与运算符为“&”，其运算规则如表 2-4 所示。

表 2-4 与运算的规则

a	b	a&b
0	0	0
0	1	0
1	0	0
1	1	1

例如，对于表达式 9&7，可以理解为正整数 9 在内存中存放的 32 位二进制数补码（0000 0000 0000 0000 0000 0000 0000 1001）和正整数 7 在内存中存放的 32 位二进制数补码（0000 0000 0000 0000 0000 0000 0000 0111）按位与运算，其中，补码中添加的空格其中的只是为了便于阅读，不参与运算，表达式 9&7 按位与运算的具体过程为：

```
  0000 0000 0000 0000 0000 0000 0000 1001
& 0000 0000 0000 0000 0000 0000 0000 0111
------------------------------------------------
  0000 0000 0000 0000 0000 0000 0000 0001
```

由上述过程可得出 9&7 的运算结果为 1，可以看到，“&”运算符会对参与运算的两个整数的所有二进制位进行与运算，9&7 的结果为 1。

按位与运算通常用来对某些位清 0，或者保留某些位。例如，要把 n 的高 16 位清 0，保留低 16 位，可以进行 n & 0xFFFF 运算（0xFFFF 在内存中的存储形式为 0000 0000 0000 0000 1111 1111 1111 1111）。

可以使用如下代码对上述内容进行验证。

```
print("%X" % (9&7))
n = 0x12345678
print("%X" % (n&0xFFFF))
```

运行结果：

```
1
5678
```

2. 按位或运算符

Python 中的按位或运算符为“|”，其运算规则如表 2-5 所示。

表 2-5　或运算的规则

a	b	a|b
0	0	0
0	1	1
1	0	1
1	1	1

例如，9|7 可以转换成如下的运算：

```
  0000 0000   0000 0000   0000 0000   0000 1001
| 0000 0000   0000 0000   0000 0000   0000 0111
------------------------------------------------------
  0000 0000   0000 0000   0000 0000   0000 1111
```

由此得到，9|7 的结果为 15。

按位或运算可以用来将某些位置 1，或者保留某些位。例如，要把 n 的高 16 位置 1，保留低 16 位，可以进行 n | 0xFFFF0000 运算（0xFFFF0000 在内存中的存储形式为 1111 1111 1111 1111　0000 0000　0000 0000）。

可以使用如下代码对上述内容进行验证。

```
n = 0X00
print("%X" % (9|7))
```

```
print("%X" % (n|0XFFFF1234))
```

运行结果：

```
F
FFFF1234
```

3. 按位异或运算符

Python 中按位异或运算符为“^”，其运算规则如表 2-6 所示。

表 2-6　异或运算的规则

a	b	a^b
0	0	0
0	1	1
1	0	1
1	1	0

例如，9^7 可以转换成如下的运算：

```
  0000 0000   0000 0000   0000 0000   0000 1001
^ 0000 0000   0000 0000   0000 0000   0000 0111
-----------------------------------------------------
  0000 0000   0000 0000   0000 0000   0000 1110
```

由此得到，9^7 的结果为 14。

按位异或运算可以用来将某些二进制位反转。例如，要把 n 的高 16 位反转，保留低 16 位，可以进行 n ^ 0XFFFF0000 运算（0XFFFF0000 在内存中的存储形式为 1111 1111　1111 1111　0000 0000 0000 0000）。

可以使用如下代码对上述内容进行验证。

```
n = 0X12345678
print("%X" % (9^7))
print("%X" % (n^0XFFFF0000))
```

运行结果：

```
E
EDCB5678
```

4. 按位取反运算符

按位取反运算符“~”是一个单目运算符，即只需要一个运算数，其具有右结合性，作用是对参与运算的二进制位取反，例如，~1 为 0，~0 为 1。

例如，~9 可以转换为如下的运算：

```
~ 0000 0000   0000 0000   0000 0000 0000 1001
---------------------------------------------
  1111 1111   1111 1111   1111 1111 1111 0110
```

所以，~9 的结果为 -10。

可以使用如下代码对上述内容进行验证。

```
print("%X" % (~9))
```

运行结果：

```
-A
```

5. 左移运算符

Python 中的左移运算符“<<”用来把运算数的各个二进制位全部向左移动若干位，高位溢出，低位补 0。

例如，9<<3 可以转换为如下的运算：

```
<<0000 0000   0000 0000   0000 0000   0000 1001
  --------------------------------------------
  0000 0000   0000 0000   0000 0000   0100 1000
```

所以，9<<3 的结果为 72。

如果数据不是太大，左移的时候溢出的高位不包含 1，那么左移 n 位相当于乘以 2 的 n 次方。

可以使用如下代码对上述内容进行验证。

```
print("%d" % (9<<3))
```

运行结果：

```
72
```

6. 右移运算符

Python 中的右移运算符“>>”用来把运算数的各个二进制位依次向右移动若干位，低位溢出，如果数据的最高位是 0，那么低位补 0；如果最高位是 1，那么低位就补 1。

例如，9>>3 可以转换为如下的运算：

```
>> 0000 0000   0000 0000   0000 0000   0000 1001
------------------------------------------------
   0000 0000   0000 0000   0000 0000   0000 0001
```

所以，9>>3 的结果为 1。

如果向右移动的时候溢出的低位不包含 1，那么右移 n 位相当于除以 2 的 n 次方；否则相当于除以 2 的 n 次方结果的整数部分。

可以使用如下代码对上述内容进行验证。

```
print("%X" % (9>>2))
print("%X" % ((8)>>2))
```

运行结果：

```
2
2
```

2.3.4 比较运算符

1. 概述

比较运算符也称关系运算符，用于对常量、变量或表达式的结果进行大小比较。如果这种比较是成立的，则返回 True（真），反之则返回 False（假）。

True 和 False 都是 bool 类型，它们是用来表示某一事件的真假，或者一个表达式是否成立。Python 支持的比较运算符如表 2-7 所示。

表 2-7 比较运算符

比较运算符	说明
>	大于，如果>符号前面的值大于后面的值，则返回 True，否则返回 False
<	小于，如果<符号前面的值小于后面的值，则返回 True，否则返回 False
==	等于，如果==符号两侧的值相等，则返回 True，否则返回 False
>=	大于或等于（等价于数学中的≥符号），如果>=符号前面的值大于或等于后面的值，则返回 True，否则返回 False
<=	小于或等于（等价于数学中的≤符号），如果<=符号前面的值小于或等于后面的值，则返回 True，否则返回 False
!=	不等于（等价于数学中的≠符号），如果!=符号两侧的值不相等，则返回 True，否则返回 False
is	判断两个变量所引用的对象是否相同，如果相同则返回 True，否则返回 False
is not	判断两个变量所引用的对象是否不相同，如果不相同则返回 True，否则返回 False

2. 比较运算符示例

```
print(("-")*20)
print("2 大于 1:", 2 > 1)
print("2 大于或等于 1:", 2 >= 1)
print("2 小于 1:", 2 < 1)
print("2 小于或等于 1:", 2<= 1)
print("2 等于 1:", 2 == 1)
print("2 不等于 2.0:", 2 != 2.0)
print("False 小于 True:", False < True)
print(("-")*20)
```

```
运行结果:
--------------------
2 大于 1:  True
2 大于或等于 1:  True
2 小于 1:  False
2 小于或等于 1:  False
```

```
2 等于 1： False
2 不等于 2.0： False
False 小于 True： True
--------------------
```

3. “==”和“is”的区别

“==”用来比较两个变量的值是否相等，而“is”则用来比对两个变量引用的是否是同一个对象，例如，

```
import time                #引入 time 模块
t1 = time.gmtime()         # gmtime 方法用来获取当前时间
t2 = time.gmtime()
print("-" * 70)
print(t1)
print("-" * 70)
print(t2)
print("-" * 70)
print(t1 == t2)
print(t1 is t2)
print("-" * 70)
```

```
运行结果：
----------------------------------------------------------------------
time.struct_time(tm_year=2023, tm_mon=3, tm_mday=10, tm_hour=6, tm_min=17, tm_sec=53, tm_wday=4, tm_yday=69, tm_isdst=0)
----------------------------------------------------------------------
time.struct_time(tm_year=2023, tm_mon=3, tm_mday=10, tm_hour=6, tm_min=17, tm_sec=53, tm_wday=4, tm_yday=69, tm_isdst=0)
----------------------------------------------------------------------
True
False
----------------------------------------------------------------------
```

time 模块的 gmtime 方法用来获取当前的系统时间，精确到秒级，因为程序运行非常快，t1 和 t2 得到的时间是一样的，所以当使用“==”来判断 t1 和 t2 的值是否相等时，返回 True。但它们是两个不同的对象（每次调用 gmtime 都返回不同的对象），所以“t1 is t2”返回 False。

2.3.5 逻辑运算符

1. 概述

逻辑运算符是指逻辑与、逻辑或和逻辑非，常常用来连接条件表达式，形成更加复杂的条

件。Python 的逻辑运算符如表 2-8 所示。

表 2-8 逻辑运算符

逻辑运算符	含 义	基本格式	说 明
and	逻辑与运算，等价于数学中的“且”	a and b	当 a 和 b 两个表达式都为真时，“a and b”的结果才为真，否则为假
or	逻辑或运算，等价于数学中的“或”	a or b	当 a 和 b 两个表达式都为假时，“a or b”的结果才是假，否则为真
not	逻辑非运算，等价于数学中的“非”	not a	如果 a 为真，那么“not a”的结果为假；如果 a 为假，那么“not a”的结果为真

逻辑运算符一般和关系运算符结合使用，下面举一个比较实用的例子：

```
username =input("请输入用户名:")
password = input("请输入密码:")
if username=="sdut" and password=="123456" :
    print("欢迎使用本系统!")
else:
    print("抱歉,你没有访问权限!")
```

运行测试：

请输入用户名：sdut

请输入密码：123456

欢迎使用本系统!

实际上，Python 逻辑运算符可以用来操作任何类型的表达式，如下例所示，虽然很多时候没有什么实际意义，但是 Python 确实支持这样的操作。

```
print(1 and 2)
print(3 and 0)
print("" or "中国制造")
print(5 or "中国制造")
```

运行结果：

```
2
0
中国制造
5
```

2. 短路现象

在 Python 中，运算符“and”和“or”有时不需要计算右侧表达式的值，而只需计算左侧表达式的值就能得到最终结果。

另外，运算符“and”和“or”会将其中一个表达式的值作为最终结果，而不是将 True 或者 False 作为最终结果。

对于运算符“and”，只有当两侧的值都为真的时候，最终结果才为真；只要其中有一个值为假，那么最终结果就是假，所以 Python 按照下面的规则执行“and”运算：

- 如果左侧表达式的值为假，那么就不用计算右侧表达式的值了，因为无论右侧表达式的值是什么，都不会影响最终结果，最终结果都是假，此时运算符“and”会把左侧表达式的值作为最终结果。
- 如果运算符“and”左侧表达式的值为真，继续计算其右侧表达式的值，并将右侧表达式的值作为最终结果。

对于运算符“or”，只有两侧的值都为假时最终结果才为假，所以只要其中有一个值为真，那么最终结果就是真，所以 Python 按照下面的规则执行运算符“or”：

- 如果左侧表达式的值为真，那么就不用计算右侧表达式的值了，因为无论右侧表达式的值是什么，都不会影响最终结果，最终结果都是真，此时运算符“or”会把左侧表达式的值作为最终结果。
- 如果左侧表达式的值为假，继续计算其右侧表达式的值，并将右侧表达式的值作为最终结果。

可以使用如下代码验证上面的内容。

```
print("-" * 20)
print( False and print("hello"))
print("-" * 20)
print( True and print("hello"))
print("-" * 20)
print( False or print("hello"))
print("-" * 20)
print( True or print("hello"))
print("-" * 20)
```

运行结果：

```
--------------------
False
--------------------
hello
None
--------------------
hello
None
--------------------
True
--------------------
```

2.3.6　三目运算符

Python 中用 if else 实现三目运算符（条件运算符），其格式如下：

<表达式 1> if <判断条件> else <表达式 2>

其功能是，如果判断条件成立（结果为真），则执行表达式 1，并把表达式 1 的结果作为整个表达式的结果；如果判断条件不成立（结果为假），则执行表达式 2，并把表达式 2 的结果作为整个表达式的结果。

Python 三目运算符支持嵌套，可以构成更加复杂的表达式。在嵌套时需要注意 if 和 else 的配对，例如，a if a>b else c if c>d else d，应该理解为：a if a>b else（c if c>d else d）。

【例 2.1】 使用 Python 三目运算符判断两个数字的关系。

程序代码如下：

```
a=10
b=20
max = a if a>b else b
print("-" * 10)
print(max)
print("a>b") if a>b else (print("a<b") if a<b else print("a=b"))
print("-" * 10)
```

运行结果：

```
----------
20
a<b
----------
```

分析：

① 语句 max = a if a>b else b 的功能为：如果 a>b 成立，就把 a 作为整个表达式的值，并赋给变量 max；如果 a>b 不成立，就把 b 作为整个表达式的值，并赋给变量 max。

② 语句 print("a>b") if a>b else (print("a<b") if a<b else print("a=b"))是一个嵌套的三目运算符，其功能为：先对 a>b 求值，如果该表达式为 True，就返回执行第 1 个表达式 print("a>b")，否则将继续执行 else 后面的内容，即(print("a<b") if a<b else print("a=b"))，进入该表达式后，先判断 a<b 是否成立，如果 a<b 的结果为 True，将执行 print("a<b")，否则执行 print("a=b")。

2.3.7　运算符的优先级和结合性

1. 运算符优先级

所谓优先级，就是当多个运算符同时出现在一个表达式中时，优先执行哪个运算符的问题。例如，对于表达式“1+3 * 4-5”，Python 会先计算乘法 3 * 4，再计算加法 1+12，最后计算减法 13-5，表达式的最终结果是 8，所以，Python 中运算的优先级是先计算乘法再计算加减，因为乘法的优先级高于加减。

Python 支持几十种运算符，被划分成将近二十个优先级，有的运算符优先级不同，而有的则相同，具体如表 2-9 所示。

表 2-9　运算符优先级和结合性

运算符说明	Python 运算符	优先级	结合性
小括号	( )	19	无
索引运算符	x[i]或 x[i1: i2 [:i3]]	18	左
属性访问	x. attribute	17	左
乘方	**	16	右
按位取反	~	15	右
符号运算符	+（正号）、-（负号）	14	右
乘除	*、/、//、%	13	左
加减	+、-	12	左
位移	>>、<<	11	左
按位与	&	10	右
按位异或	^	9	左
按位或	|	8	左
比较运算符	==、!=、>、>=、<、<=	7	左
is 运算符	is、is not	6	左
in 运算符	in、not in	5	左
逻辑非	not	4	右
逻辑与	and	3	左
逻辑或	or	2	左

虽然运算符都有明确的优先级顺序，执行中没有歧义。但是这么多的运算符，在实际应用中如果不太确定优先级顺序，可以不用依赖运算符的优先级来控制表达式的执行顺序，而是用下述方法：

- 给子表达式加上括号（ ），改变优先级顺序，来控制表达式的执行顺序。
- 不要把一个表达式写得过于复杂。对于一个复杂的表达式，可以把它拆分来书写。

这两种方式可以增强程序的可读性，使程序一目了然，不容易引起歧义。

2. 运算符结合性

所谓结合性，就是当一个表达式中出现多个优先级相同的运算符时，先执行哪个运算符，一般先执行左侧的叫左结合性，先执行右侧的叫右结合性。

例如，对于表达式“1+2-3”，加法和减法的优先级相同，此时不能只依赖运算符优先级决定，要参考运算符的结合性。加法和减法都具有左结合性，因此先执行左侧的加法，再执行右侧的减法，最终结果是 0。

Python 中大部分运算符都具有左结合性，如表 2-9 所示，也就是按从左到右的顺序执行；只有乘方运算符“**”、单目运算符（如逻辑非运算符“not”）、赋值运算符和三目运算符例外，它们具有右结合性，也就是按从右向左的顺序执行。

总而言之，当一个表达式中出现多个运算符时，Python 会先比较各个运算符的优先级，按照优先级从高到低的顺序依次执行；当遇到优先级相同的运算符时，再根据结合性决定先执行哪个运算符：如果是左结合性就先执行左侧的运算符，如果是右结合性就先执行右侧的运算符。

2.4 常用内置函数

内置函数就是 Python 预先定义的函数，这些内置函数使用方便，无须导入，直接调用即可，这大大提高了使用者的工作效率，也更便于程序阅读。截止到 Python 版本 3.9.1，Python 一共提供了 69 个内置函数，这 69 个内置函数可以分为 10 个小类，包括数学运算（共 7 个）、类型转换（共 24 个）、序列操作（共 8 个）、对象操作（共 9 个）、反射操作（共 8 个）、变量操作（共 2 个）、交互操作（共 2 个）、文件操作（共 1 个）、编译执行（共 5 个）、装饰器（共 3 个）。下面介绍部分常用的内置函数。

2.4.1 数学运算

（1）abs 函数：用于求数值的绝对值，例如，

```
>>>print(abs(-1))
1
```

（2）divmod 函数：用于返回两个数值的商和余数，例如，

```
>>>print(divmod(20,3))
(6,2)
```

（3）max 函数：用于返回可迭代对象中的元素中的最大值或者所有参数的最大值，例如，

```
>>>print(max(4,3,1,9,4,13))
13
```

（4）min 函数：用于返回可迭代对象中的元素中的最小值或者所有参数的最小值，例如，

```
>>>print(min(15,3,9,52,7,2))
2
```

（5）pow 函数：用于返回两个数值的幂运算值或其与指定整数的模值，例如，

```
>>> print(pow(10,2))          #返回 10 的平方
100
```

```
>>> print(pow(10,2,3))        #如果给了第 3 个参数，则表示最后取余
1
```

（6）round 函数：用于对浮点数进行舍入求值，例如，

```
>>> print(round(2.675, 2))
2.67                #五舍六入
>>> print(round(2.6775, 2))
2.68                #五舍六入
```

（7）sum 函数：用于对元素类型是数值的可迭代对象中的每个元素求和，例如，

```
>>> print(sum([1,2,3,4,5,6,7,8,9,10]))
55
```

2.4.2 类型转换

（1）bool 方法：根据传入的参数的逻辑值创建一个新的布尔值，例如，

```
>>> print(bool(0))
False               #数值 0、空序列等的值为 False
```

（2）int 方法：根据传入的参数创建一个新的整数，例如，

```
>>> print(int(3.1))
3
>>> print(int(3.99))
3
```

（3）float 方法：根据传入的参数创建一个新的浮点数，例如，

```
>>> print(float(3))
3.0
```

（4）complex 方法：根据传入参数创建一个新的复数，例如，

```
>>> print(complex (1,2))
1+2j
```

（5）str 方法：用于将数据转化为字符串，例如，

```
>>>   print(str(123)+'456')
123456
```

（6）bytearray 方法：根据传入的参数创建一个新的字节数组，例如，

```
>>>ret = bytearray("alex" ,encoding ='utf-8')
>>>print(ret[0])
97
```

```
>>>print(ret)
bytearray(b'alex')
>>>ret[0] = 65
>>>print(str(ret))
bytearray(b'Alex')
```

（7）bytes 方法：根据传入的参数创建一个新的不可变字节数组，例如，

```
>>>bs = bytes("中国制造", encoding="utf-8")
>>>print(bs)
b'\xe4\xb8\xad\xe5\x9b\xbd\xe5\x88\xb6\xe9\x80\xa0'
```

（8）memoryview 方法：根据传入的参数创建一个新的内存查看对象，例如，

```
>>>v = memoryview(b'abcefg')
>>>print(v[1])
98
```

（9）ord 方法：用于返回 Unicode 字符对应的整数，例如，

```
>>>print(ord('中'))
20013
```

（10）chr 方法：用于返回整数所对应的 Unicode 字符，例如，

```
>>>print(chr(65))
A
```

（11）bin 方法：用于将整数转换成二进制字符串，例如，

```
>>>print(bin(10))
0b1010
```

（12）oct 方法：用于将整数转化成八进制字符串，例如，

```
>>>print(oct(10))
0o12
```

（13）hex 方法：用于将整数转换成十六进制字符串，例如，

```
>>>print(hex(10))
0xa
```

（14）tuple 方法：根据传入的参数创建一个新的元组，例如，

```
>>>print(tuple([1,2,3,4,5,6]))
(1, 2, 3, 4, 5, 6)
```

（15）list 方法：根据传入的参数创建一个新的列表，例如，

```
>>>print(list((1,2,3,4,5,6)))
[1, 2, 3, 4, 5, 6]
```

（16） dict 方法：根据传入的参数创建一个新的字典，例如，

```
>>>print(dict(a = 1,b = 2))
```

```
{'b': 2, 'a': 1}
```

（17） range 方法：根据传入的参数创建一个新的 range 对象，例如，

```
>>>for i in range(15,-1,-5):
        print(i)
```

```
15
10
5
0
```

（18） set 方法：根据传入的参数创建一个新的集合，例如，

```
>>>a = set(range(10))
>>>print(a)
```

```
{0, 1, 2, 3, 4, 5, 6, 7, 8, 9}
```

（19） frozenset 方法：根据传入的参数创建一个新的不可变集合，例如，

```
>>>a = frozenset(range(10))
>>>print(a)
```

```
frozenset({0, 1, 2, 3, 4, 5, 6, 7, 8, 9})
```

（20） enumerate 方法：根据可迭代对象创建枚举对象，例如如下代码：

```
lst = ['one','two','three']
for index, el in enumerate(lst,1):          #获取索引和元素，索引默认从 0 开始
    print(index,el)
```

```
运行结果：
1
one
2
two
3
three
```

（21） iter 方法：根据传入的参数创建一个新的可迭代对象，例如如下代码：

```
lst = [1, 2, 3]
for i in iter(lst):
    print(i)
```

```
运行结果：
1
```

```
2
3
```

2.4.3 序列操作

（1）all 方法：用于判断可迭代对象的每个元素是否都为 True，例如，

```
>>>print(all([1,'hello',True,9]))   #True
```

（2）any 方法：用于判断可迭代对象的元素是否有为 True 值的元素，例如，

```
>>>print(any([0,0,0,False,1,'good']))   #True
```

（3）filter 方法：使用指定方法过滤可迭代对象的元素，例如如下代码：

```
def is_odd(n):
    return n % 2 == 1
newlist = filter(is_odd, [1, 2, 3, 4, 5, 6, 7, 8, 9, 10])
```

关于 filter 方法，Python 3 和 Python 2 有一点不同：Python 2 中返回的是过滤后的列表，而 Python 3 中返回到是一个 filter 类。

（4）map 方法：使用指定方法作用于传入的每个可迭代对象的元素，并生成新的可迭代对象，例如如下代码：

```
def f(i):
    return i
lst = [1,2,3,4,5,6,7,]
it = map(f, lst)          #把可迭代对象中的元素依次传递给函数，结果返回为迭代器
print(list(it))
```

```
运行结果：
[1, 2, 3, 4, 5, 6, 7]
```

（5）next 方法：返回可迭代对象中的下一个元素值，例如如下代码：

```
it = iter([1, 2, 3, 4, 5])
while True:
    try:
        x = next(it)
        print(x)
    except StopIteration:
        break
```

```
运行结果：
1
2
3
4
5
```

(6) reversed 方法：用于反转序列生成新的可迭代对象，例如，

```
>>>print(list(reversed([1,2,3,4,5])))
```

```
[5, 4, 3, 2, 1]
```

(7) sorted 方法：用于对可迭代对象进行排序，并返回一个新的列表，例如，

```
>>>a = [5,3,4,2,1]
>>>print(sorted(a,reverse=True))
```

```
[5, 4, 3, 2, 1]
```

(8) zip 方法：用于聚合传入的每个迭代器中相同位置的元素，并返回一个新的元组类型迭代器，例如，

```
>>>my_list = [1,2,3]
>>>my_tuple = (11,22,33)
>>>print(list(zip(my_list,my_tuple)))
```

```
[(1, 11), (2, 22), (3, 33)]
```

2.4.4 对象操作

(1) help 方法：返回对象的帮助信息，例如，

```
>>> print(help("if"))
```

```
The "if" statement
******************

The "if" statement is used for conditional execution:

   if_stmt ::= "if" expression ":" suite
               ("elif" expression ":" suite)*
               ["else" ":" suite]

It selects exactly one of the suites by evaluating the expressions one
by one until one is found to be true (see section Boolean operations
for the definition of true and false); then that suite is executed
(and no other part of the "if" statement is executed or evaluated).
If all expressions are false, the suite of the "else" clause, if
present, is executed.

Related help topics: TRUTHVALUE

None
```

（2）dir 方法：返回对象或者当前作用域内的属性列表，例如，

```
>>> print(dir(int))
```

```
['__abs__', '__add__', '__and__', '__bool__', '__ceil__', '__class__', '__delattr__', '__dir__', '__divmod__', '__doc__', '__eq__', '__float__', '__floor__', '__floordiv__', '__format__', '__ge__', '__getattribute__', '__getnewargs__', '__gt__', '__hash__', '__index__', '__init__', '__init_subclass__', '__int__', '__invert__', '__le__', '__lshift__', '__lt__', '__mod__', '__mul__', '__ne__', '__neg__', '__new__', '__or__', '__pos__', '__pow__', '__radd__', '__rand__', '__rdivmod__', '__reduce__', '__reduce_ex__', '__repr__', '__rfloordiv__', '__rlshift__', '__rmod__', '__rmul__', '__ror__', '__round__', '__rpow__', '__rrshift__', '__rshift__', '__rsub__', '__rtruediv__', '__rxor__', '__setattr__', '__sizeof__', '__str__', '__sub__', '__subclasshook__', '__truediv__', '__trunc__', '__xor__', 'bit_length', 'conjugate', 'denominator', 'from_bytes', 'imag', 'numerator', 'real', 'to_bytes']
```

（3）id 方法：返回对象的唯一标识符，例如，

```
>>> s = '123'
>>> print(id(s))
```

```
53077488
```

（4）hash 方法：获取对象的哈希值，例如，

```
>>> s = '123'
>>> print(hash(s))
```

```
-8218838938395505601
```

（5）type 方法：返回对象的类型或者根据传入的参数创建一个新的类型，例如，

```
>>> dict = {'Name': '孙悟空', 'Age': 500}
>>> print(type (dict))
```

```
<class 'dict'>
```

（6）len 方法：返回对象的长度，例如，

```
>>> mylist = ["apple", "orange", "cherry"]
>>> x = len(mylist)
>>> print(x)
```

```
3
```

（7）ascii 方法：返回对象的可打印表示形式的字符串，例如，

```
>>> s = 3
>>> print(ascii(s))
```

```
3
```

（8）format 方法：格式化显示值，例如，

```
s = "中国制造"
>>> print(format(s, "^20"))  #居中
>>> print(format(s, "<20"))  #左对齐
```

```
>>> print(format(s, ">20")) #右对齐
```

```
        中国制造
中国制造
                中国制造
```

(9) vars 方法：返回当前作用域内的局部变量和由局部变量值组成的字典，或者返回对象的属性列表，例如如下代码：

```
class Dian:
    x = 10
    y = 20
x = vars(Dian)
print(x)
```

```
运行结果:
{'__module__': '__main__', 'x': 10, 'y': 20, '__dict__': <attribute '__dict__' of 'Dian' objects>, '__weakref__': <attribute '__weakref__' of 'Dian' objects>, '__doc__': None}
```

2.4.5 反射操作

(1) __import__：动态导入模块，例如，

```
>>>name = input("请输入你要导入的模块:")
```

```
请输入你要导入的模块:os
```

```
>>>__import__(name)      #可以动态导入模块
```

(2) isinstance：判断对象是否是类或者类型元组中任意类元素的实例，例如，

```
>>>arg=123
>>>print(isinstance(arg, int))
```

```
True
```

(3) callable：检测对象是否可被调用，例如，

```
>>>a = 10
>>>print(callable(a))
```

```
False
```

2.4.6 变量操作

(1) globals：返回当前作用域内的全局变量和由全局变量值组成的字典，例如，

```
>>> a = '中国制造'
>>> b = 1
>>> print(globals())
```

```
{'__name__': '__main__', '__doc__': None, '__package__': None, '__loader__': <class '_frozen_importlib.BuiltinImporter'>, '__spec__': None, '__annotations__': {}, '__builtins__': <module 'builtins' (built-in)>, 'a': '中国制造', 'b': 1}
```

（2）locals：返回当前作用域内的局部变量和由局部变量值组成的字典，例如，

```
>>> print(locals())
```

```
{'__name__': '__main__', '__doc__': None, '__package__': None, '__loader__': <class '_frozen_importlib.BuiltinImporter'>, '__spec__': None, '__annotations__': {}, '__builtins__': <module 'builtins' (built-in)>, 'a': '中国制造', 'b': 1}
```

当前作用域为全局的时候，与 globals 函数返回同样的结果。

2.4.7 交互操作

（1）print 函数：用于向标准输出对象打印输出，例如，

```
>>> print(1,2,3)
```

```
1
2
3
```

（2）input 函数：用于读取用户输入值，例如，

```
>>> a = input('请输入你的姓名:')
```

```
请输入你的姓名:孙悟空
```

```
>>> print(a)
```

```
孙悟空
```

2.4.8 文件操作

open 函数：使用指定的模式和编码打开文件，并返回文件读写对象，例如，

```
>>> f = open('file',mode='r',encoding='utf-8')
>>> f.read()
>>> f.close()
```

2.4.9 编译执行

（1）compile 函数：将字符串编译为代码或者 AST 对象，使之能够通过 exec 语句来执行或者 eval 进行求值，例如如下代码：

```
code = "for i in range(3): print(i)"
com = compile(code, "", mode="exec")
exec(com)
```

```
运行结果：
0
1
2
```

（2）eval 函数：用于执行动态表达式求值，例如，

```
>>>code = "5+6+7"
>>>com = compile(code, "", mode="eval")
>>>print(eval(com))
```

```
18
```

（3）exec 函数：用于执行动态语句块，例如，

```
>>>s = "for i in range(5): print(i)"
>>>a = exec(s)
```

```
0
1
2
3
4
```

（4）breakpoint 函数：用于暂停脚本的执行，允许在程序的内部手动浏览。

第 3 章　流程控制结构

结构化程序设计是面向过程程序设计的基本原则，其思路是采用“自顶向下、逐步细化、模块化”的程序设计方法，该方法使程序结构清晰易懂，提高了程序设计的质量和效率。流程控制结构是指以某种顺序执行的一系列动作，用于解决某个问题。理论和实践证明，无论多复杂的算法均可通过顺序、选择、循环 3 种基本控制结构构造出来，每种结构仅有一个入口和出口。

电子教案

3.1　顺序结构

顺序结构是最简单的控制结构，按照语句书写的先后顺序依次执行。如图 3-1 所示是一个顺序结构的流程，它有一个入口，一个出口，依次执行语句块 1 和语句块 2。

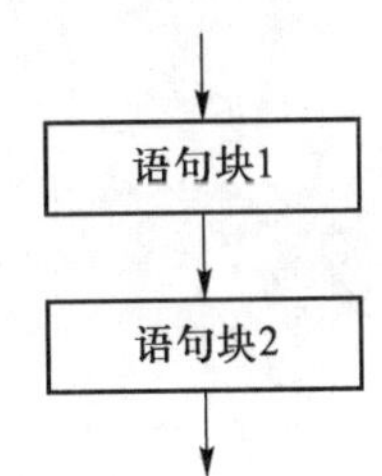

图 3-1　顺序结构流程图

【例 3.1】 已知 y=18-5x，其中 x 为整数，输入 x 的值，求 y 值。

分析：该程序比较简单，通过对前面章节内容的学习，实现起来是比较容易的，关键是要注意语句的顺序。程序代码如下：

```
x=int(input("请输入 x 的值:"))          #语句 1
y=18-5*x                              #语句 2
print(f'求得的 y 值为:{y}')
```

程序的运行结果如下：

```
请输入 x 的值:1
求得的 y 值为:13
```

如果将语句 1 和语句 2 的顺序调换，程序的运行结果如下：

```
Traceback (most recent call last):
  File "E:/python/练习/1.py", line 1, in <module>
    y=18-5*x
NameError: name 'x' is not defined
```

错误的原因是程序执行到语句 1，发现变量 x 没有定义，没有值，所以也就不能参与运算。

顺序结构的程序中主要是赋值语句和内置的输入和输出函数调用语句，这些语句可以完成输入、计算、输出的基本功能。

3.1.1 赋值语句

赋值语句是顺序结构中最常见的语句形式，用于给某个变量赋值。在第 2 章中介绍过 Python 中赋值语句的多种形式，如基本赋值、多元赋值、扩展赋值运算等，基本赋值的操作使用较广，其他几种赋值操作使用频率也较高。

```
>>>x=10
>>>print(x)
10
>>>x,y=5,9
>>>print(x,y)
5 9
>>>x+=8
>>>print(x)
13
```

3.1.2 输入函数 input()

input()函数用于从控制台获得用户的一行输入，input()函数可以包含一些提示性文字，用来提示用户，其格式如下：

变量=input(提示性字符串文字)

需要注意的是，无论用户输入的是字符还是数字，input()函数统一返回的是字符串类型，可通过 int、float、eval 函数进行所需类型的转换，为了在后续能够操作用户输入的信息，需要给输入指定一个变量，即将输入赋给一个变量，例如，

```
>>>score=input("请输入分数:")
请输入分数:98.5
>>>score
'98.5'                    #字符串
>>>score=float(input("请输入分数:"))
请输入分数:68
>>>score
68.0                      #转化成了整型
```

```
>>>a=input('请输入:')
请输入:hello
>>>a
'hello'
>>>b=input('请输入:')
请输入:[1,2,3,4]
>>>b
'[1,2,3,4]'
```

3.1.3 输出函数 print()

1. 基本输出

print()函数主要用于将单个或多个对象输出到屏幕上，是 Python 中最常见的一个函数。

print()函数的语法如下：

print(*objects, sep='', end='\n', file=sys.stdout, flush=False)

各参数含义如下：

① objects：指需要输出的对象，当有多个对象时，需要用逗号分隔。

② sep：指对象分隔符，默认是一个空格。

③ end：表示以什么结尾，默认值是换行符\n，可自定义。

④ file：表示文件对象输出方式，默认输出到终端。

⑤ flush：当参数为 True 时，会强制刷新内部缓冲区/缓冲流。

程序示例如下：

```
>>>print(10,20,30)
10 20 30
>>>print(10,20,30,sep=',')
10,20,30
>>>for i in range(10):
        print(i,end=',')
0,1,2,3,4,5,6,7,8,9,
```

2. 格式化输出

print()函数只能输出用特定分隔符分隔的值，当需要更多的控制输出格式时，可以使用以下方法。

(1) 百分号（%）格式化输出

在 Python 中，字符串格式化的使用与 C 语言中的 printf()函数一样，采用“%”表示。基本格式如下：

格式字符串%(参数 1,参数 2,……)

其中，“%”之前为格式化字符串，之后为需要填入格式字符串中的参数。多个参数之间用逗号分隔，只有一个参数时，可省略圆括号。在格式字符串中，用格式控制符代表要填入的参数的格式。

例如，

```
>>>name="李小明"
>>>print("大家好,我叫%s"%name)
大家好,我叫李小明
#在格式字符串“我叫%s 今年%d 岁!”中，%s 是格式控制符，参数 name 对应%s，参数 10 对应%d
>>>print("我叫%s 今年%d 岁!"%(name,10))
我叫李小明今年 10 岁!
```

再例如，

```
>>>title = '大萝卜'
>>>price = 3.5
>>>print("今天蔬菜特价了,%s 只要%.2f 元/斤。" % (title, price))
今天蔬菜特价了,大萝卜只要 3.50 元/斤。
```

Python 常用百分号（%）格式化输出格式控制符如表 3-1 所示。

表 3-1　常用格式控制符

格式控制符	说　明
%s	字符串
%d	带符号的十进制整数
%o	带符号的八进制整数
%x 或%X	带符号的十六进制整数
%e 或%E	将数字转换为科学计数法格式
%f	浮点数字
%g 或%G	浮点数字（根据值的大小，系统自动决定采用%e 或%f)

（2）format 方法格式化输出

Python 3.x 中引入了一种新的字符串格式化方法 format()。它摆脱了操作符“%”的特殊用法，使字符串格式化的语法更加规范。Python 语言推荐使用 format()格式化方法。其基本格式如下：

<模板字符串>.format(<逗号分隔的参数>)

其中，模板字符串由一系列大括号 {} 组成，用于控制修改字符串中嵌入值出现的位置，其基本思想是将 format()用逗号分隔的参数按照序号关系替换到模板字符串的 {} 中。如果模板字符串中有多个 {}，并且 {} 内没有指定任何序号（序号从 0 开始编号），则默认按照

{} 出现的顺序分别用参数替换。

例如，

```
>>>a,b=10,30
>>>print('数字{}+数字{}的和是{}'.format(a,b,a+b))
数字10+数字30的和是40
```

其中，“数字{}+数字{}的和是{}”是输出字符串模板，即混合字符串和变量的输出样式。大括号{}表示一个槽位置，括号中的内容由后面紧跟的 format()方法中的参数按顺序填充。

如果大括号中指定了使用参数的序号，则按照序号对应参数替换。例如，

```
>>>a,b=10,20
>>>print('数字{1}+数字{0}的和是{2}'.format(a,b,a+b))
数字20+数字10的和是30
```

在 format()方法中，模板字符串的 {} 除了可以包含参数序号，还可以包含格式控制信息，此时 {} 的内部样式如下：

{<参数序号>:<格式控制标记>}

其中，格式控制标记用来控制参数显示时的格式，格式内容如表 3-2 所示。

表 3-2　format 格式控制标记

格式控制标记	说　明	格式控制标记	说　明
:	引导符号	<,>	数字的千位分隔符适用于整数和浮点数
<填充>	用于填充的单个字符	<精度>	浮点数小数部分的精度或字符串的最大输出长度
<对齐>	<表示左对齐 >表示右对齐 ^表示居中对齐	<类型>	整数类型：d，b，c，o，x，X； 浮点数类型：f，%，e，E
<宽度>	{}用于设定输出字符的宽度		

① <填充>：指<宽度>内除了参数外的字符采用什么方式表示，默认采用空格，可以通过<填充>更换。例如，

```
>>>s='北京欢迎你'
>>>"{:*^25}".format(s)          #居中对齐且填充*
'**********北京欢迎你**********'
>>>"{:+^25}".format(s)          #居中对齐且填充+
'++++++++++北京欢迎你++++++++++'
```

② <对齐>：指参数在<宽度>内输出时的对齐方式，分别采用<、>、^三个符号表示左对齐、右对齐和居中对齐。例如，

```
>>>s='北京欢迎你'
>>>"{:^25}".format(s)          #居中对齐
'          北京欢迎你          '
>>>"{:>25}".format(s)          #右对齐
'                    北京欢迎你'
```

③ <宽度>：指当前位置的设定输出字符宽度，如果该位置对应的 format()参数长度比<宽度>设定值大，则使用参数实际长度输出。如果该值的实际位数小于指定宽度，则位数将被默认以空格字符补充。例如，

```
>>>s='北京欢迎你'
>>>"{:25}".format(s)           #默认左对齐
'北京欢迎你                    '
>>>"{:1}".format(s)            #指定长度超出实际长度
'北京欢迎你'
```

④ <,>（逗号）：<格式控制标记>中逗号用于显示数字的千位分隔符。例如，

```
>>>print("{:*^15,}".format(31415926))    #指数字千位分隔符为逗号
**31,415,926***
>>>print("{:*^15,}".format(31415.926))
**31,415.926***
```

⑤ <精度>：表示两个含义，由小数点（.）开头。对于用“f”和“F”格式化的浮点数，精度表示小数点后保留的数字位数；对于用“g”和“G”格式化的浮点数，精度表示小数点前面和后面保留的数字位数，且会舍去输出数据末尾的零。对于字符串，精度表示输出的最大长度。例如，

```
>>>print("{:.4f}".format(3.1415926))     #浮点数指定小数后的位数
3.1416
>>>print("{:.4}".format("Python"))       #字符串最大输出位数
Pyth
```

⑥ <类型>：表示输出整数和浮点数类型的格式规则。对于整数类型，输出格式包括 6 种，对于浮点数类型，输出格式包括 4 种，浮点数输出尽量采用<. 精度>表示小数部分的宽度，有助于更好地控制输出格式。各类型与符号的功能描述如表 3-3 所示。

表 3-3　各类型与符号的功能描述

符　号	功　能
b	输出整数对应的二进制数
c	输出整数对应的 Unicode 字符

续表

符　号	功　能
d	输出整数对应的十进制数
o	输出整数对应的八进制数
x/X	输出整数对应的十六进制数
e/E	输出整浮点数对应的 e/E 的指数形式
f/F	输出浮点数的标准浮点形式，保留结果末尾的 0，如 2.800000
g/G	输出浮点数，将末尾的 0 从结果中移除，如 2.8
%	输出浮点数的百分数形式

例如，

```
>>>print("{:b}".format(16))        #b 表示把整数转换为对应的二进制数
10000
>>>print("{:o}".format(8))         #o 表示把整数转换为对应的八进制数
10
```

（3）f-string 格式化输出

在 Python 3.6+的版本中，引入一个 f-string 的形式，使得格式化输出更加简洁明了和高效。f-string 是在字符串前面加上 f 或 F 修饰符来进行格式化，即“f'xxx'”或“F'xxx'”，其中单引号可替换为双引号或三引号。

f-string 形式格式化是在字符串中以大括号“{}”形式标明要被替换的字符。“{}”中的内容格式为：

{内容[:<格式控制>]}

其中，内容为必选项，可以是任意类型的变量或表达式。格式控制为可选项，规则与 format 格式化规则类似。

例如，

```
>>>name=input()                    #输入姓名
李华
>>>address=input()                 #输入地点
上海
>>>print(f"我是{name}，来自{address}")
我是李华，来自上海
```

再例如，

```
>>>print(f'{3.1415926:*^20.2f}')
********3.14********
```

【例 3.2】身体质量指数（body mass index，BMI）的计算公式 BMI＝体重（kg）÷身高^2（m），是目前国际上常用的衡量人体胖瘦程度以及是否健康的一个标准。编写一个求 BMI 的程序。

分析：题目需要输入两个数据——身高和体重，然后使用计算公式计算并输出对应的 BMI 值。

程序代码：

```
w=float(input("请输入您的体重(kg):"))          #输入体重值
h=float(input("请输入您的身高(m):"))           #输入身高值
B=w/h**2                                      #计算 BMI
print(f'您的 BMI 指数为{B}')                   #输出 BMI
```

程序运行结果如下：

```
请输入您的体重(kg):62
请输入您的身高(m):1.77
您的 BMI 指数为 19.789970953429727
```

3.2 选择结构

在解决实际问题时，单一的顺序结构有时不能满足要求，需要根据不同的“预设条件”进行判断，并根据不同的判断结果有选择地执行相应的语句块，这就是选择结构，也叫分支结构。选择结构可分为单分支、双分支和多分支结构。

3.2.1 单分支结构

单分支结构的一般格式为：

```
if 条件表达式:
    语句块
```

其功能是先计算条件表达式的值，若为真，则执行语句块，否则跳过语句块执行 if 语句的后续语句，执行过程如图 3-2 所示。

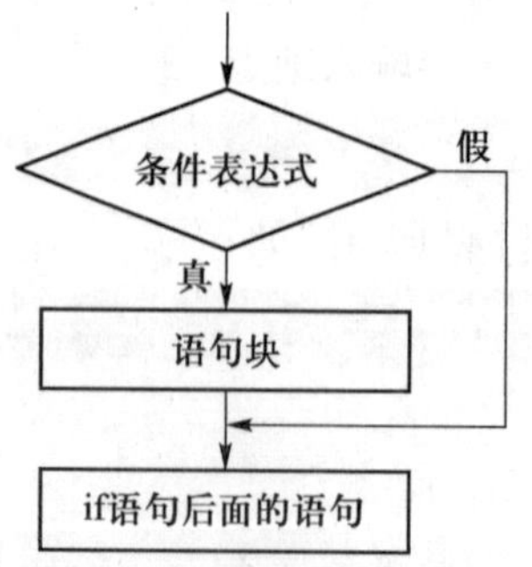

图 3-2 单分支选择结构流程图

【例 3.3】根据圆的面积计算公式 $S=\pi r^2$，计算当半径大于 0 时，圆的面积并输出。

分析：本例在例 1.3 的基础上需要判断输入的半径 r 的情况，进而决定是否需要进一步计算圆的面积并进行输出，当 r≤0 时，不会进行计算，没有任何输出，所以需要用到选择结构来解决该问题。

程序代码如下：

```
r = float(input("请输入半径值:"))
if r>0:
    s = 3.1415926 * r * r
    print("圆面积为:",s)
```

```
程序运行结果如下:
第一次运行:
请输入半径值:2
圆面积为: 12.5663704
第二次运行:
请输入半径值:-6
>>>
```

【例 3.4】任意输入 3 个整数，求其中的最大数。

分析：该例常用的比较过程是先求出两个数中的较大数，将此较大数与第 3 个数比较，最终得到最大数。为了方便后续可以比较任意多个数的最值，这里固定思路为选择基准点，两两比较。一般选择第 1 个数作为基准点，即起始最大值。

程序代码如下：

```
a=eval(input("请输入第 1 个数:"))
b=eval(input("请输入第 2 个数:"))
c=eval(input("请输入第 3 个数:"))
max=a
if max<b:
    max=b
if max<c:
    max=c
print(f'最大值为:{max}')
```

```
程序运行结果如下:
请输入第 1 个数:8
请输入第 2 个数:4
请输入第 3 个数:2
最大值为:8
```

【例 3.5】已知符号函数 $f(x)=\begin{cases}-1 & x<0\\ 0 & x=0\\ +1 & x>0\end{cases}$，编写程序，输入一个 x 值，求 $f(x)$ 的值。

分析：这是一个多分支问题，可以使用不带 else 的 if 语句对每种情况进行判断，并分别进行相应的处理。

程序代码如下：

```
x=float(input())
if(x<0):
    y=-1              #不能直接用 f(x)做变量名
if(x==0):
    y=0
if(x>0):
    y=1
print(f'y={y}')
```

程序运行结果如下：

第 1 次输入：

2.7

输出

y=1

第 2 次输入：

-6.2

输出

y=-1

说明：

① 条件表达式可以加括号，也可以不加，但其之后必须加冒号。

② 语句块是 if 后面的条件表达式成立后执行的一个或多个语句序列，语句块中的语句通过与 if 语句所在行形成缩进表达包含关系。

③ 条件表达式，可以是符合 Python 语言规定的各种表达式，表达式的值必须是逻辑值"真"或"假"。

3.2.2 双分支结构

双分支结构的一般格式为：

```
if 条件表达式:
    语句块 1
else:
    语句块 2
```

if 和 else 属于同一层次的缩进，其功能是先计算条件表达式的值，若为真，则执行语句块 1，否则执行语句块 2，执行过程如图 3-3 所示。

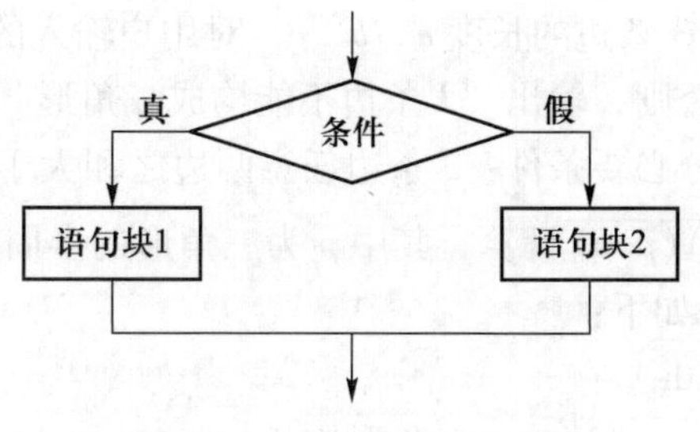

图 3-3　双分支结构流程图

【例 3.6】输入一个学生某一门课的分数，并根据分数大小输出对应信息，表明这个成绩是否及格，最后，不论成绩是否及格都输出“我爱学 Python”。

分析：该题目中，输入的分值是否大于 60 分，决定了程序会执行两种不同的结果。

程序代码如下：

```
scorc=int(input("请输入分数:"))
if score<60:
    print("很遗憾,没有通过！继续努力")
else:
    print("祝贺你,及格了")
print("我爱学 Python")
```

```
程序运行结果如下：
请输入分数:78
祝贺你,及格了
我爱学 Python
请输入分数:58
很遗憾,没有通过！继续努力
我爱学 Python
```

由于最后一个 print 语句没有缩进，所以它是整个 if 结构的后续语句，那么无论程序执行哪个分支，最后都会执行到 print("我爱学 Python")，如果将该 print 语句进行缩进，那么程序的运行结果会有什么变化呢？程序如下，请同学们思考。

```
score=int(input("请输入分数:"))
if score<60:
    print("很遗憾,没有通过！继续努力")
else:
    print("祝贺你,及格了")
    print("我爱学 Python")
```

说明：

① 条件表达式和 else 之后都要加冒号。

② 语句块可以是一个或多个语句序列，语句块中的语句通过缩进来表达包含关系。

【例 3.7】输入三角形的 3 条边的长度 a、b、c，对用户输入的数据进行合法性检查，如合法，求出该三角形的面积，否则，输出“3 条边不能构成三角形”。

分析：构成三角形的充分必要条件：3 条边任意两边之和大于第 3 边，三角形的面积可用海伦公式：$s=\sqrt{p(p-a)(p-b)(p-c)}$ 计算，其中 p 为三角形的半周长。

案例拓展：三角形类型的判定

程序代码如下：

```
import math
a=int(input("请输入三角形边长 a:"))
b=int(input("请输入三角形边长 b:"))
c=int(input("请输入三角形边长 c:"))
if a+b>c and a+c>b and b+c>a:
    p=(a+b+c)/2
    s=math.sqrt(p * (p-a) * (p-b) * (p-c))
    print(f'三角形的面积为:{s:.2f}')
else:
    print("3 条边不能构成三角形")
```

程序运行结果如下：

```
第 1 次运行:
请输入三角形边长 a:3
请输入三角形边长 b:4
请输入三角形边长 c:5
三角形的面积为:6.00
第 2 次运行:
请输入三角形边长 a:1
请输入三角形边长 b:2
请输入三角形边长 c:3
3 条边不能构成三角形
```

3.2.3 多分支结构

多分支结构的一般格式为：

```
if 表达式 1:
    语句块 1
elif 表达式 2:
    语句块 2
……
elif 表达式 n:
    语句块 n
```

［else：
　　语句块 n+1］

多分支结构的功能是先判断表达式 1 的值，若结果为 True，则执行语句块 1；若结果为 False，再判断表达式 2 的值，若结果为 True，则执行语句块 2；若结果为 False，再判断表达式 3 的值……若所有表达式的值都为 False，则执行语句块 n+1。程序流程图如图 3-4 所示。

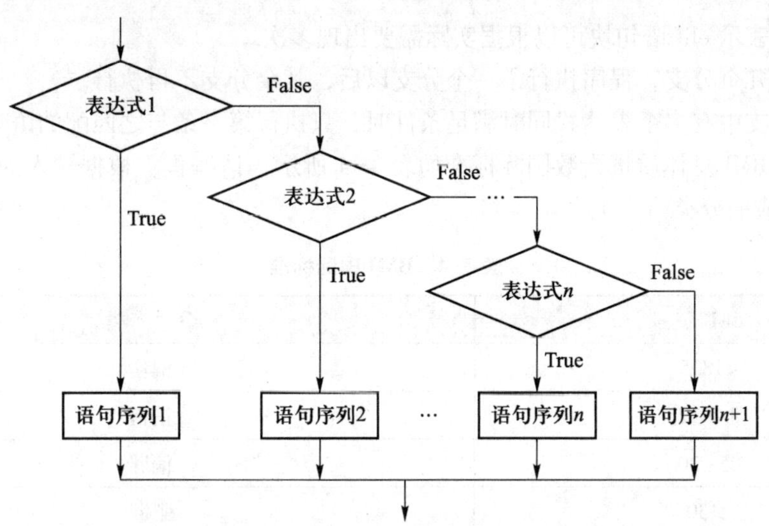

图 3-4　多分支结构程序流程图

【例 3.8】输入学生的成绩，根据成绩输出相应的等级，90 分及以上为优秀，80~89 分为良好，60~79 分为及格，60 分以下为不及格。

分析：将学生成绩分为 4 个分数段，根据各分数段的成绩，输出不同的等级，可以使用多分支语句实现。

程序代码如下：

```
score=int(input("请输入学生成绩:"))
if score>=90:
    grade="优秀"
elif score>=80:
    grade="良好"
elif score>=60:
    grade="及格"
else:
    grade="不及格"
print(grade)
```

```
程序运行结果如下：
第 1 次运行：
请输入学生成绩:86
```

良好
第 2 次运行:
请输入学生成绩:93
优秀

说明:

① 省略号表示 elif 语句块可以根据实际需要出现多次。

② 不管有几个分支，程序执行了一个分支以后，其余分支不再执行。

③ 当多分支中有多个表达式同时满足条件时，只执行第一条与之匹配的语句。

【例 3.9】BMI 身体质量指数国际标准如表 3-4 所示，请编程，根据输入的身高和体重的信息，输出对应的分类。

表 3-4 BMI 国际标准

BMI 值	分　类
<18.5	偏瘦
18.5~25	正常
25~30	偏胖
≥30	肥胖

分析：前面顺序结构中，通过例 3.2 学会根据输入的身高和体重，求 BMI 的问题，现在是要根据计算得出的 BMI，进一步的确定具体的健康状况，根据表 3-2 所示的国际标准，可以看到共有 4 个分支。

程序代码如下:

```
w=float(input("请输入您的体重(kg):"))        #输入体重值
h=float(input("请输入您的身高(m):"))         #输入身高值
B=w/h**2                                     #计算 BMI
print(f'BMI 值为:{B:.2f}')
if B<18.5:
    print("偏瘦！")
elif B<25:
    print("正常!")
elif B<30:
    print("偏胖！")
else :
    print("肥胖！")
```

程序运行结果如下:
第 1 次运行:
请输入您的体重(kg):75

```
请输入您的身高(m):1.78
BMI 值为:23.67
正常!
第 2 次运行:
请输入您的体重(kg):100
请输入您的身高(m):1.78
BMI 值为:31.56
肥胖!
```

【例 3.10】已知某天然气的档次、年用气量和到户价格三者间的关系如表 3-5 所示，请计算某住户一年应交的天然气费用。

表 3-5 档次、年用气量及到户价格的关系

档　次	年用气量/立方米	到户价格/元
第 1 档	≤260	2.95
第 2 档	>260 且≤550	3.54
第 3 档	≥550	4.13

分析：从表 3-1 可以看出，根据年用气量的不同，分为 3 种情况，可以采用多分支来解决，当然也可以使用 3 个单分支。

程序代码如下：

```
total=int(input("请输入年用气量:"))
if total<=260:
    price=2.95 * total
elif total<=550:
    price=2.95 * 260+3.54 * (total-260)
else:
    price=2.95 * 260+3.54 * (550- 260)+4.43 * (total-550)
print(f'年用气量为{total}立方米的用户需缴纳气费为{price}元')
```

```
程序运行结果如下:
第 1 次运行:
请输入年用气量:360
年用气量为 360 立方米的用户需缴纳气费为 1121.0 元
第 2 次运行:
请输入年用气量:800
年用气量为 800 立方米的用户需缴纳气费为 2901.1 元
```

尽管选择结构的语法并不复杂，但还是有一个容易出错的地方，那就是可以充当条件表达式的形式很多，除了比较习惯的关系表达式或逻辑表达式外，绝大部分合法的 Python 表达式

都可以作为条件表达式。而且，在选择和循环结构中，条件表达式的值只要不是 False、0（或 0.0、0j 等）、空值 None、空列表、空元组、空集合、空字典、空字符串或其他空迭代对象，Python 解释器均认为与 True 等价。

3.2.4 pass 语句

在 Python 程序设计中，pass 是空语句，有时候程序需要占一个位、放一条语句，但是又没有确定如何实现功能时，为了保持程序结构的完整性，就可通过 pass 语句来实现，例如如下代码：

```
s = input("请输入一个整数：")
s = int(s)
if s > 5:
    print("大于 5")
elif s < 5:
    pass            #空语句,相当于占位符
else:
    print("等于 5")
```

3.3 循环结构

程序一般是顺序执行的，Python 提供了各种控制结构，允许更复杂的执行路径。使用选择结构可以根据条件来确定执行的流程，但是如果要重复执行一些操作，如求连续多个整数的和，使用选择结构就无法实现，使用顺序结构意味着代码的重复书写，这样的情况需要使用程序设计语言中的循环结构，其中重复执行的部分称为循环体。在 Python 中主要有两种循环语句，分别为 while 循环和 for 循环。

根据循环执行次数是否确定，循环可以分为非确定次数循环和确定次数循环。非确定次数循环指程序不确定循环体可能的执行次数，而通过条件判断是否继续执行循环体，这类循环通常采用 while 语句实现。确定次数循环指对循环次数有明确的定义，这类循环在 Python 中被称为“遍历循环”，其中，循环次数由遍历结构中元素的个数决定，通常这类循环采用 for 语句实现。当然，确定次数循环也可以用 while 语句实现。

【**例 3.11**】求 1~5 的 5 个整数之和。

程序代码如下：

```
i=1
sum=0
sum+=i;i+=1
sum+=i;i+=1
sum+=i;i+=1
sum+=i;i+=1
```

```
sum+=i
print(sum)
```

分析：从程序可以看出，sum+=i 重复写了 5 次，如果改成求 1~100 的 100 个整数之和，则 sum+=i 需要写上 100 次，针对这种具有重复有规律的行为的问题，就可以引入循环结构来解决。

3.3.1 while 循环（while 语句）

while 语句的一般格式：

```
while 条件表达式:
    循环体
[else:
    else 子句代码块]
```

While 循环的功能：当条件表达式的值为真时，执行循环体中的语句，执行完毕后，再去重新判断条件表达式的值是否为真，若仍为真，则继续重新执行循环体，直到条件表达式的值为假，才终止循环。当条件表达式的值为假时，跳过循环体语句，执行 while 循环的后续语句。While 循环的程序流程图如图 3-5 所示。

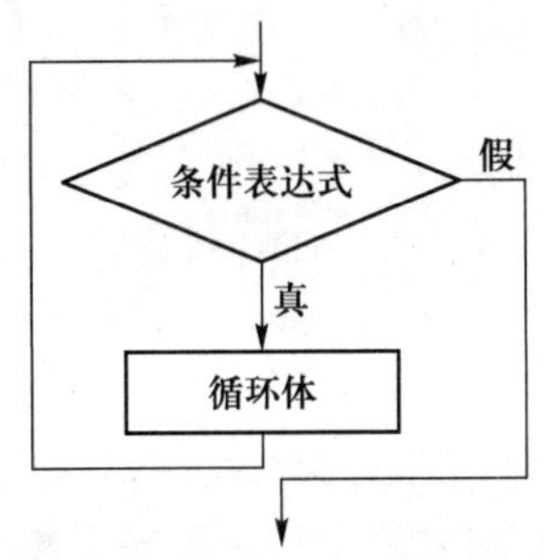

图 3-5 While 循环的程序流程图

一般来说，循环体中至少应该包含一条用来改变条件表达式的语句，以让循环趋于结束，避免产生“死循环”。

【例 3.12】 计算 100 以内的偶数之和。

分析：100 以内的偶数有 2、4、6、8、…、98、100。观察这组数据可以发现，从数据 2 开始，其后的数据都是在前一个数据的基础上加 2，直到 100 结束。通过从 2 开始可知 i=2，通过到 100 结束可知循环条件为小于或等于 100，通过每次加 2 可知 i=i+2，这是使循环趋于结束的条件。

程序代码如下：

```
i=2
s=0
while i<=100:
    s=s+i
```

```
    i=i+2
print(s)
```

程序运行结果如下：
2550

【例 3.13】从键盘输入 5 个学生的成绩，并根据成绩输出相应的等级，90 分以上为优秀，80~89 分为良好，60~79 分为及格，60 分以下为不及格。

分析：在例 3.8 中，完成了一个学生成绩的等级转换，现有 5 个学生，每个学生成绩的处理流程都是一样的，5 个学生成绩的处理其实是对一个学生成绩处理流程进行 5 次重复，而每次只需输入一个学生成绩即可。设有一个变量 n，用来累计处理完的学生个数，当处理完 5 个学生后，程序结束。

程序代码如下：

```
n=1                 #n 赋初值
while n<=5:         #循环条件
    score=float(input("请输入一名学生的成绩:"))
    if score>=90:
        grade="优秀"
    elif score>=80:
        grade="良好"
    elif score>=60:
        grade="及格"
    else:
        grade="不及格"
    print(grade)
    n=n+1
```

程序运行结果如下：
请输入一名学生的成绩:90
优秀
请输入一名学生的成绩:78
及格
请输入一名学生的成绩:82
良好
请输入一名学生的成绩:68
及格
请输入一名学生的成绩:57
不及格

【例 3.14】编写程序，利用如下公式计算 π，直到最后一项的绝对值小于 10^{-6} 为止。

$$\frac{\pi}{4}=1-\frac{1}{3}+\frac{1}{5}-\frac{1}{7}+\frac{1}{9}\cdots\cdots$$

分析：观察计算公式可知，循环变量的初始值为1，循环条件为循环变量的绝对值大于或等于10^{-6}，循环变量值的变化规律是每项的分母比上一项增加2，每项的分子是上一项的相反数。题目中累加的次数不确定，所以用while语句来完成。

程序代码如下：

```
t=1                    #t表示求和列中的任意一项，初始值为1
n=1                    #n为分母
s=1                    #s为分子
y=0
while abs(t)>=1e-6:    #设置循环条件
    y=y+t
    n=n+2
    s=-s
    t=s/n
print(f'pi={4*y}')
```

案例拓展：人口计算

程序运行结果如下：

pi=3.141590653589692

3.3.2 for循环（for语句）

for语句的一般格式：

```
for 循环变量 in 可迭代对象:
    循环体
[else:
    else子句代码块]
```

除了while语句外，for语句是另外一种功能强大的循环结构。从可迭代对象（字符串、列表、元组、字典、迭代器等）的头部开始，依次选择每个元素并对其进行一些操作直到结束，这种处理模式被称为遍历。for语句用于遍历可迭代对象中的所有元素，遍历结束后可执行else子句。

for循环的具体的执行流程是：将可迭代对象中的元素逐个赋给循环变量，每一次赋值则执行一遍循环体语句块。当序列遍历结束并且没有碰到break语句，就会检查其后是否有else子句，如果有，则执行else子句；如果没有，则结束循环，执行其下面的语句。这里重点学习缺省else子句的循环结构。对应的程序流程图如图3-6所示。

for循环经常使用的遍历方式有：

① 有限次遍历：for i in range(n):　　#n为遍历次数

② 遍历文件：for line in myfile:　　#myfile为文件的引用

③ 遍历字符串：for c in mystring:　　#mystring为字符串的引用

④ 遍历列表：for item in mylist:　　#mylist为列表的引用

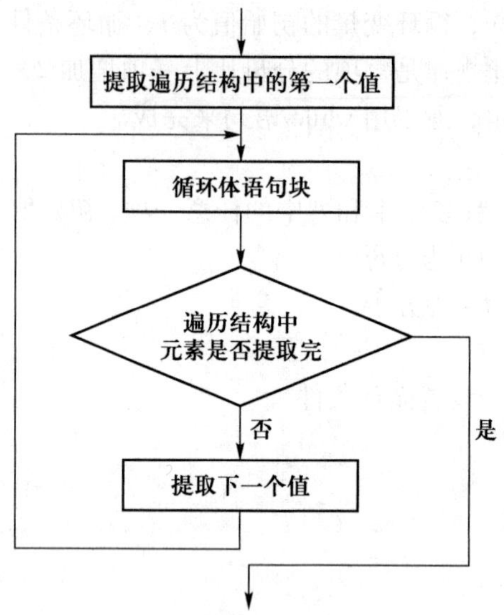

图 3-6　for 循环程序流程图

例如，

```
for c in 'hello':
    print(c,end='')
```

运行结果如下：

hello

for 循环后面的 3 种遍历方式会在组合数据类型和文件的章节中详细介绍，此处重点介绍第 1 种遍历方式。

内建函数 range()用于生成整数序列，其格式为：

range(start,stop[,step])

range 返回的数值系列从 start 开始，到 stop 结束（不包含 stop）。如果指定了可选的步长 step，则序列按步长 step 增长，缺省默认步长为 1，例如，

```
for i in range(1,11,2):
    print(i,end=',')
```

输出结果为：

1,3,5,7,9,

```
for i in range(1,11):
    print(i,end=',')
```

输出结果为：

1,2,3,4,5,6,7,8,9,10,

其中，start 也可以缺省，缺省的情况下默认从 0 开始。例如，

```
for i in range(6):
    print(i,end=',')
```

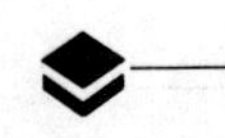

输出结果为:
0,1,2,3,4,5,

【例 3.15】使用 for 循环计算 $n!$，n 值由键盘输入。

分析：假设 $n=5$，n 的阶乘 $s=1\times2\times3\times4\times5$，若 $i=1,2,3,4,5$，则 $s=s\times i$

案例拓展：求阶乘和

程序代码如下：

```
n=int(input())
s=1
for i in range(1,n+1):
    s=s*i
print(f'{n}的阶乘为:{s}')
```

程序运行结果如下：
输入：
5
输出：
5 的阶乘为:120

【例 3.16】编写程序，输出 1000~1200 之间的所有闰年。

分析：闰年的条件为能被 4 整除但不能被 100 整除或者能被 400 整除，可以使用 range(1000,1201)生成数据序列，并逐一进行判断。

程序代码如下：

```
for year in range(1000,1201):
    if (year%4==0 and year%100!=0) or (year%400==0):
        print(year,end='')
```

程序运行结果如下：
1004 1008 1012 1016 1020 1024 1028 1032 1036 1040 1044 1048 1052 1056 1060 1064 1068 1072 1076 1080 1084 1088 1092 1096 1104 1108 1112 1116 1120 1124 1128 1132 1136 1140 1144 1148 1152 1156 1160 1164 1168 1172 1176 1180 1184 1188 1192 1196 1200

【例 3.17】一个正整数 n，如果它能被 5 整除，或者它对应的十进制形式中某一位的数字为 5，则称其为与 5 相关的数、请编程输出所有小于 100 的与 5 相关的正整数。

分析：根据题目可知，n 的取值范围为 1~99，用条件(i % 5 == 0 or i %10 == 5 or i // 10 == 5)逐一对取值范围内的数进行测试即可。

程序代码如下：

```
for n in range(1,100):
    if  (n % 5 == 0 or n % 10 == 5 or n // 10 == 5):
        print(n,end='')
```

程序运行结果如下：
5 10 15 20 25 30 35 40 45 50 51 52 53 54 55 56 57 58 59 60 65 70 75 80 85 90 95

【例 3.18】传说有一位皇帝的女儿不幸落水，被一个农夫救上来，皇帝问农夫想要什么以报答他的救女之恩。农夫指着旁边的一个国际象棋棋盘，对皇帝说：您在第 1 个格子里放 1 粒大米，在第 2 个格子里放 2 粒，在第 3 个格子里放 4 粒，在第 4 个格子里放 8 粒，以此类推，每一格子里的大米粒数都是前一格的两倍。就这样把这 64 个格子都放好了，我就要这么多大米粒。皇帝听后，觉得农夫的要求很容易满足，就笑着满口答应下来。但是一个聪明的大臣告诉皇帝，把全国生产的大米都拿来，也填不完这 64 个格子……请编程帮助皇帝计算棋盘上的 64 个格子里总共要放多少粒大米？

分析：引入变量 i 表示第 i 个格子，则 i 的取值为 1~64，$i=1$ 时大米数为 $1(2^0)$ 粒，$i=2$ 时大米数为 $2(2^1)$ 粒，$i=3$ 时大米数为 $4(2^2)$ 粒……根据题目可知第 i 个格子的大米数应为 2^{i-1} 粒，然后将每个格子的大米数进行累加即可。

案例拓展：斐波那契数列

程序代码如下：

```
mySum = 0
for i in range(1,65):
    t=2 ** (i-1)
    mySum = mySum+t
print(f'所需大米数为:{mySum}粒')
```

程序运行结果如下：

```
所需大米数为:18446744073709551615粒
```

3.3.3 循环嵌套

循环嵌套就是在一个循环结构中包含另一个循环结构，处在外部的循环结构称为外循环，处在内部的循环结构称为内循环。while 循环和 for 循环可以相互嵌套。嵌套结构在解决实际问题时应用广泛，常用的循环嵌套是双层循环，循环的总次数等于内外层次数之积，嵌套层数根据需要可以有多层。

嵌套循环执行时，先由外层循环进入内层循环，并在内层循环终止后接着执行外层循环，再由外层循环进入内层循环，以此类推，直至循环结束。

【例 3.19】利用多重循环生成如图 3-7 所示的九九乘法表。

```
1*1=1  1*2=2   1*3=3   1*4=4   1*5=5   1*6=6   1*7=7   1*8=8   1*9=9
2*1=2  2*2=4   2*3=6   2*4=8   2*5=10  2*6=12  2*7=14  2*8=16  2*9=18
3*1=3  3*2=6   3*3=9   3*4=12  3*5=15  3*6=18  3*7=21  3*8=24  3*9=27
4*1=4  4*2=8   4*3=12  4*4=16  4*5=20  4*6=24  4*7=28  4*8=32  4*9=36
5*1=5  5*2=10  5*3=15  5*4=20  5*5=25  5*6=30  5*7=35  5*8=40  5*9=45
6*1=6  6*2=12  6*3=18  6*4=24  6*5=30  6*6=36  6*7=42  6*8=48  6*9=54
7*1=7  7*2=14  7*3=21  7*4=28  7*5=35  7*6=42  7*7=49  7*8=56  7*9=63
8*1=8  8*2=16  8*3=24  8*4=32  8*5=40  8*6=48  8*7=56  8*8=64  8*9=72
9*1=9  9*2=18  9*3=27  9*4=36  9*5=45  9*6=54  9*7=63  9*8=72  9*9=81
```

图 3-7 九九乘法表

分析：首先观察第 1 行的规律：被乘数为 1 不变，而乘数从 1 变化到 9，每次增量为 1，因此，构造如下循环即可实现一行乘法表的输出：

```
for j in range(1,10):
        print(f'{i} * {j} = {i * j}',end='\t')
```

再观察第 2 行乘法表的变化，被乘数变成了 2，而处理过程完全一样，因此，只需将被乘数改为 2，对上述循环再执行一次即可。同理，第 3~9 行只需让被乘数从 3 变化到 9，对上述循环再执行 7 次即可。因此，在上述循环的外面再加上一个循环，即构成双重循环，就可得到所要求的乘法九九表。

程序代码如下：

```
for i in range(1,10):               #外层循环变量控制行数
    for j in range(1,10):           #内层循环变量
        print(f'{i} * {j} = {i * j}',end='\t')
    print()                         #一行结束，换行
```

案例拓展：下半部分乘法口诀的打印

【例 3.20】我国古代数学家张邱建在他的《算经》中提出了一个著名的“百钱百鸡问题”：一只公鸡值五钱，一只母鸡值三钱，三只小鸡值一钱，现在要用百钱买百鸡，请问公鸡、母鸡、小鸡各多少只？其中公鸡、母鸡、小鸡都必须要有。

分析 1：这是一个解不定方程的问题，可以采用列举的方法实现。设 x、y、z 分别表示公鸡、母鸡和小鸡的数量。根据本题题目的要求，公鸡最多能买 20 只，x 取值为 1~20；母鸡最多能买 33 只，y 取值为 1~33；小鸡最多能买 100 只，z 取值为 1~100。采用三重循环逐个搜索。

程序代码如下：

```
for x in range(1, 21):
    for y in range (1, 34):
        for z in range(1, 101):
            if x+y+z==100 and x * 5+y * 3+ z/3==100:
                print(f'公鸡：{x:> 3}只,母鸡：{y:> 3}只,小鸡：{z:> 3}只。')
```

程序运行结果如下：

```
公鸡：  4只,母鸡： 18只,小鸡： 78只。
公鸡：  8只,母鸡： 11只,小鸡： 81只。
公鸡： 12只,母鸡：  4只,小鸡： 84只。
```

分析 2：在保证每种鸡至少买一只的前提下，进一步修改 x、y、z 的列举范围为：公鸡最多能买 20 只，x 取值为 1~20；母鸡最多能买 33 只，y 取值为 1~33；当公鸡、母鸡的数量确定后，小鸡的数量可以通过计算得到，计算公式为 $z=100-x-y$。采用双重循环逐个搜索。

程序代码如下：

```
for x in range(1, 21):
    for y in range (1, 34):
        z= 100-x-y
```

```
        if x * 5+y * 3+z/3 = = 100:
            print(f'公鸡: {x:> 3}只,母鸡: {y:> 3}只,小鸡: {z:> 3}只。')
```

程序运行结果如下:

```
公鸡:   4只,母鸡:  18只,小鸡:  78只。
公鸡:   8只,母鸡:  11只,小鸡:  81只。
公鸡:  12只,母鸡:   4只,小鸡:  84只。
```

思考:上述两种方法,哪一种效率更高呢?

3.3.4 break 语句与 continue 语句

1. break 语句

Python 中的 break 语句与多数语言的 break 语句类似,其被用在循环中,用于跳出循环。break 经常与 if 语句结合使用,用 if 语句判断是否满足跳出循环的条件,如果满足条件,则使用 break 跳出循环。在 Python 中,既可以使用 break 语句跳出 while 循环,也可以使用 break 语句跳出 for 循环。如果在循环中遇到 break 语句,则整个循环结束,不执行循环后面的 else 部分,else 部分只有在循环正常完成后才会执行,也就是说 break 语句也会跳过 else 语句。

【例 3.21】 已知一个变量 i,其初值为 10,逐渐递减,请依次输出 i 的值,当输出到 6 时,退出循环。

分析:i 的值由 10 开始,不断地减 1,当 i 的值为 6 的时候,执行了 break,循环结构结束。

程序代码如下:

```
i=10                #创建变量 i,值为 10
while i>0:
    print(f'当前变量值:{i}')
    i=i-1
    if i= =6:       #当变量 i 等于 6 时退出循环
        break
print("over!")
```

程序运行结果如下:

```
当前变量值:10
当前变量值:9
当前变量值:8
当前变量值:7
over!
```

【例 3.22】 猜数游戏。编写程序,随机产生一个 1~200 范围内的整数,给用户 3 次猜数机会,每次猜数后程序给出猜测提示(大了或小了),如果某次猜测正确,则提示正确并中断循

环，如果 3 次均猜错，则提示机会用完。

分析：使用随机函数产生随机整数，设置循环初值为 1，循环次数为 3，在循环体中输入猜测的数并进行判断，如果数据正确则使用 break 语句中断当前循环。

程序代码如下：

```
import random
num=random. randint(1,201)
n=1
while n<=3:
    number=int(input("你猜的数:"))
    if number>num:
        print("大了")
    elif number<num:
        print("小了")
    else:
        print("太棒了,猜对了!")
        break
    n=n+1
    if n>3:
        print('机会已用完')
```

程序运行结果如下：

```
你猜的数:50
小了
你猜的数:75
大了
你猜的数:87
大了
机会已用完
```

2. continue 语句

Python 中的 continue 语句与多数语言的 continue 语句也类似。Python 中 continue 语句用于 while 循环或 for 循环，作用是结束本次循环，然后判断循环条件或验证是否还有元素可迭代，决定是否开始下一次循环。

【例 3.23】 用 continue 语句输出 1~15 之间的奇数。

程序代码如下：

```
for i in range(1,16):
    if i%2==0:
        continue
    else:
        print(i)
```

程序运行结果如下：
1
3
5
7
9
11
13
15

分析：当 i 的值是偶数时，执行了 continue 语句，结束了本次循环，后续的 print 语句未被执行。

3.3.5 循环结构的 else 子句

for 循环和 while 循环都存在一个 else 扩展用法，即在循环语句之后添加 else 和相应的语句块，用于表示循环正常遍历，完成了所有操作，且没有因为 break 或 return 而提前结束，是由于循环条件不满足而结束循环时需要执行的操作，循环中的 continue 对 else 没有影响。

【例 3.24】 从键盘任意输入一个正整数，判断这个数是否为素数。

分析：如果一个正整数只能被 1 和其自身整除，而不能被其他数整除，则这个数是素数。其实，还可以将素数的判定规则进一步简化为：一个正整数 x 如果不能被 $2\sim\sqrt{x}$ 之间的整数整除，那么这个数就是素数。

程序代码如下：

```
import math
n=int(input("请输入一个正整数:"))
m=int(math.sqrt(n))
if n<=1:
    print(f'{n}不是素数')
else:
    for i in range(2,m-1):
        if n%i==0:
            print(f'{n}不是素数')
            break;
    else:
        print(f'{n}是素数')
```

程序运行结果如下：
请输入一个正整数:41
41 是素数

第 4 章　组合数据类型

Python 语言提供了丰富的组合数据类型，可以有效地将多种数据组织在一起，常用的有字符串、列表、元组、字典和集合，其中，字符串、列表、元组属于有序序列，字典和集合属于无序序列。本章主要介绍各组合数据类型的特点、常用内置方法和操作。

电子教案

4.1　字符串

4.1.1　字符串概念

字符串是由字符组成的序列，属于有序序列，字符既可以是中文字符也可以是西文字符。Python 中字符串常量可以使用单引号、双引号或三引号定界起来，但开始和结束的引号必须一致，其中，三引号可以是 3 个单引号或者 3 个双引号。下面几种写法均指的是同一字符串：

"Python 程序设计语言"

'Python 程序设计语言'

'''Python 程序设计语言'''

"""Python 程序设计语言"""

字符串使用时，需要注意以下几点：

① 单引号和双引号定界的字符串必须写在一行上。

② 三引号定界的字符串可以连续写多行，例如，

'''Python

　　　　学习编程语言的首选'''

③ 如果字符串本身含有引号，则前后两端定界的引号需要不同于字符串本身的引号，例如，

"What's your name? "

④ Pyhon 规定，统计字符串长度时，中文字符和英文字符都占用 1 个字符，采用 Unicode 编码，例如，

>>>len("Python 程序设计语言")　　　　#返回 13

⑤ 转义字符

Python 中为表示一些具有特殊功能的控制字符，提供了转义字符（以反斜杠加上其他特定字符组成），常用的转义字符如表 4-1 所示。

表 4-1　常用的转义字符

转义字符	功能描述
\n	换行
\t	水平制表符，功能同于 Tab 键
\'	单引号
\"	双引号
\b	退格

包含转义字符的字符串，只有在使用 print( ) 函数输出时，转义字符的功能才执行，例如，

```
>>>print("Pyhon\t 程序设计语言")
Pyhon 程序设计语言
>>>print("Pyhon\n 程序设计语言")
Pyhon
程序设计语言
```

⑥ 可以使用直接赋值方式创建字符串变量，例如，

```
>>>s='Hello'            #创建字符串变量 s
```

4.1.2　有序序列通用操作

有序序列是指数据按一定顺序依次排列，占用连续的内存空间来存储大量数据。有序序列类型既有共同特性，也有各自的特点，下面以字符串为例介绍它们常用的通用操作。

1. 索引

有序序列中的每个元素都是按顺序排列的，每个元素都有属于自己的编号称为索引，可以通过索引实现对序列中每个元素的访问。索引方式为：

序列名[索引]

Python 规定了两种索引方式，正向索引和反向索引。正向索引是序列按从左向右的顺序，由 0 开始依次增 1，若序列共有 n 个元素，则第 1 个元素的索引为 0，最后一个元素的索引为 n-1。反向索引是序列按从右向左的顺序，由-1 开始依次减 1，若序列共有 n 个元素，则最后一个元素的索引为-1，第 1 个元素的索引为-n，如图 4-1 所示。

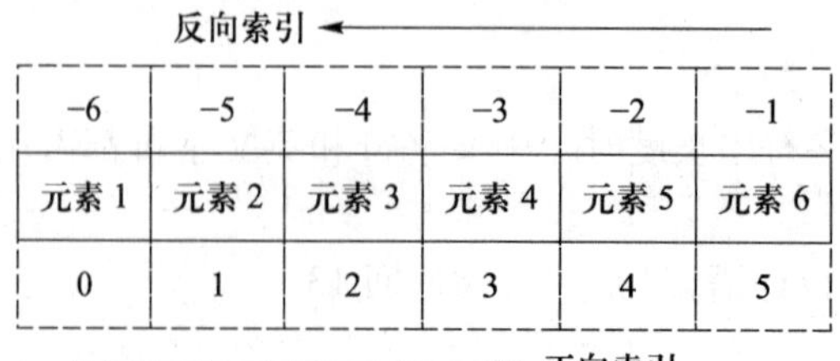

图 4-1　正向与反向索引

字符串 s='Hello!'，既可以通过正向索引 s[1]，也可以通过反向索引 s[-5]，获取字符串 s 中的字符 e，如图 4-2 所示，具体代码如下：

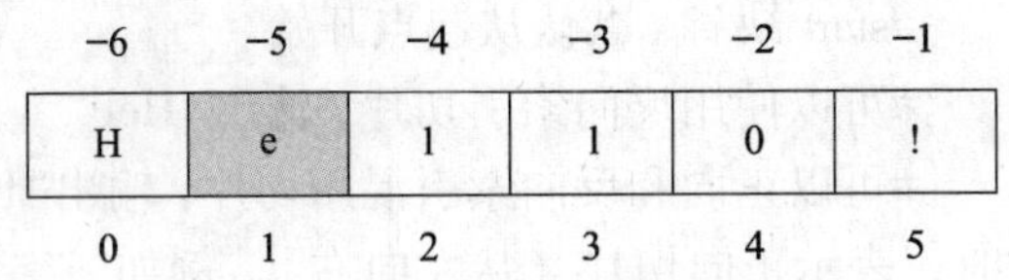

图 4-2　正向与反向索引示例

```
s='Hello!'         #字符串序列 s
print(s[1])        #正向索引，返回索引为 1 的元素"e"
print(s[-5])       #反向索引，返回索引为-5 的元素"e"
```

注意：

(1) 使用索引访问序列元素时不能超出“索引范围”，否则会出错，例如，

```
>>>str1="hello"
>>>print(str1[10])              #试图用 str1[10]访问字符串中不存在的索引
Traceback (most recent call last):
  File "<pyshell#2>", line 1, in <module>
    print(str1[10])
IndexError: string index out of range
```

(2) 序列索引必须为整数，不能为浮点数。

```
>>>print(str1[1.5])             #索引为浮点数
Traceback (most recent call last):
  File "<pyshell#3>", line 1, in <module>
    print(str1[1.5])
TypeError: string indices must be integers
```

2. 切片

切片操作用于访问序列指定范围内的元素，通过切片操作可以生成一个新的序列。切片方式为：

序列名[start:end:step]

功能：截取序列索引从 start 到 end（不包括 end），步长为 step 的元素。

各参数含义：

start：切片开始元素的索引，可省略（默认为 0）。

end：切片结束元素的索引加 1（不包括索引为 end 的元素），可省略（默认为-1 或序列长度）。

step：截取时的步长，可省略（默认为 1），也可以为负值，但不可以为 0。

(1) 切片时既可以使用正向索引，也可以使用反向索引，还可以正向和反向索引混合使用，例如，字符串 s='Hello!'，则获取‘Hel’子串的切片方法为：

```
>>>s='Hello!'
>>>print(s[0:3])          #正向索引输出从起点开始到索引为3（不包括3）的切片Hel
>>>print(s[:3])           #start缺省，默认从起点开始
>>>print(s[-6:-3])        #可以使用反向索引切片，输出"Hel"
>>>print(s[0:-3])         #可以正向和反向索引混用切片，输出"Hel"
```

（2）步长step为正数时，表示正向切片（从左向右），例如，字符串s='Hello!'，则分别获取偶数索引切片和奇数索引的切片方法为：

```
>>>s='Hello!'
>>>print(s[0::2])       #步长为2，索引为偶数的字符切片"Hlo"
>>>print(s[1::2])       #步长为2，索引为奇数的字符切片"el!"
```

（3）步长step为负数时，表示反向切片（从右向左），例如，字符串s='Hello!'，则获取字符串s逆序串'!olleH'的切片方法为：

```
#步长为-1，反向切片。从最后一个元素开始向前切片，获取s的逆序串"!olleH"
>>>print(s[-1::-1])
>>>print(s[::-1])       #也可以得到s逆序串"!olleH"
```

【**例4.1**】判断输入的字符串是否是回文串？

分析：判断字符串是否是回文串，只要判断该字符串的正序串和逆序串是否一致即可，逆序串可以使用上述的切片方法实现。

程序代码如下：

```
s=input()                  #输入字符串
if s==s[-1::-1]:           #判断字符串s是否和其逆序串相同
    print('判定结果：是回文串！')
else:
print('判定结果：不是回文串！')
```

程序运行结果如下：

输入：

abcba

输出：

是回文串!

3. 连接运算符“+”

序列可以进行相加运算，但这里的相加是将两个序列连接起来，形成一个新序列，并不是序列对应元素值相加，同时“+”运算符左右两侧的序列类型需一致。例如，

```
>>>s1='Hello '
>>>s2='Pyhon!'
>>>print(s1+s2)         #字符串s1和s2连接，形成新字符串'Hello Pyhon! '
>>>s3='123 '
>>>s4='456'
>>>print(s4+s4)         #字符串s4和s4连接，形成新字符串'123456'
```

4. 重复运算符“＊”

Python 中可以通过“＊”运算，让序列重复，其格式为：

序列名＊n

功能：让原序列重复 n（整数）次后形成新序列。

例如，

```
>>>s1='Hello '
>>>print(s1*2)          #字符串 s1 重复两次，输出“Hello Hello”
>>>s2='123 '
>>>print(s2*2)          #字符串 s2 重复两次，输出“123123”
```

5. 成员测试 in 和 not in

Python 语言提供了“in”和“not in”运算符，用于测试某成员是否在序列中（集合和字典也支持该操作）。成员测试运算通常用于选择结构，根据测试结果决定后续程序的执行流程。其格式为：

操作数 [not] in　序列

功能：如果操作数 x 在序列 s 中，则 x in s 的结果为 True，否则为 False。x not in s 则表示如果 x 不在 s 中，结果为 True，否则为 False。

例如，

```
>>>s1='Hello '
>>>print('H' in s1)          #输出 True
>>>print('H' not in s1)      #输出 False
>>>print('M' in s1)          #输出 False
>>>print('M' not in s1)      #输出 True
```

【例 4.2】 判断输入的英文字母是否是小写字母?

分析：先将 26 个英文小写字母存储在一个字符串中，然后对输入的英文字母进行成员测试，如果成立则是英文小写，否则不是。

程序代码如下：

```
#将 26 个英文小写字母存储在字符串 string 中
string='abcdefghijklmnopqrstuvwxyz'
s=input()
if s in string:              #判断 s 是否在字符串 string 中
    print('输入的是英文小写字母！')
else:
    print('输入的不是英文小写字母！')
```

程序运行结果如下：

输入：

c

输出：

输入的是英文小写字母！

6. 常用函数

Python 提供了丰富的内置函数，表 4-2 所示的函数常用于组合数据类型中。

表 4-2　组合数据类型常用函数

函 数 名	功　能	示　例	结　果
max	返回序列中最大值	max("hello")	'o'
min	返回序列中最小值	min("hello")	'e'
len	返回序列元素个数	len("hello")	5
sorted	返回排序后的序列，默认升序	sorted("hello")	['e', 'h', 'l', 'l', 'o']

例如，

```
>>>s='How are you'
>>>max(s)          #返回字符“y”
>>>min(s)          #返回空格字符
>>>s="computer"
#对字符串元素按降序排序，返回['u', 't', 'r', 'p', 'o', 'm', 'e', 'c']
>>>sorted(s,reverse=True)
```

说明：

① 使用 max 和 min 函数对字符串进行大小比较时，实际是对字符串中每个字符的 Unicode 码值大小进行比较。

② sorted 函数中可以使用 reverse 参数，默认情况下 reverse=False，按升序排序，如果 reverse=True，按降序排序

③ 使用函数可以得到返回值，但不会改变原有序列的值。

4.1.3　字符串基本操作

字符串基本操作包括前面学习过的序列通用操作和字符串的内置函数，下面通过例子来演示怎样用这些基本操作来解决实际问题。

【例 4.3】身份证信息提取。请输入合法身份证号，然后输出其出生日期及性别信息，如输入的身份证号为“370303199510119021”，则输出：出生于 1995 年 10 月 11 日，性别女。(其中，居民身份证号是 18 位，其中第 7~10 位是出生年份，第 11~12 位是出生月份，第 13~14 位是出生日期，第 17 位表示性别，奇数为男，偶数为女。)

分析：首先对输入的身份证号采用切片分离出年、月、日，通过索引取出性别信息，然后判断其奇偶确定性别即可。

程序代码如下：

```
no = input("请输入合法身份证号:")        #输入合法身份证号
year = no[6:10]                          #索引为 6、7、8、9 的字符串，即年份
month = no[10:12]                        #索引为 10、11 的字符串，即月份
```

```
day = no[12:14]                          #索引为 12、13 的字符串，即日期
sex=int(no[16])                          #索引为 16 的字符，即性别
if sex%2==0:
    xb='女'
else:
    xb='男'
print(f'出生于{year}年{month}月{day}日,性别为{xb}')   #格式化输出
```

程序运行结果如下：
输入：
请输入合法身份证:370303199510119021
输出：
出生于 1995 年 10 月 11 日，性别为女

【例 4.4】 温度转换，输入以 F（或 f，表示华氏温度）或 C（或 c，表示摄氏温度）结尾的温度值，编写程序将输入的华氏温度转化为摄氏温度，或将摄氏温度转为华氏温度。

分析：华氏（F）温度与摄氏（C）温度的转换关系为：F=C＊1.8+32 或 C=(F−32)/1.8

首先通过索引 t[-1]获取字符串的最后一位字符，f 或 F 代表华氏温度，c 或 C 代表摄氏温度；然后用公式进行计算（计算时使用切片 t[0:-1]获取前面的数字字符，并使用 float()函数将其转换为实型数据，以便参与运算）。

程序代码如下：

```
t=input()
if t[-1] in 'fF':                        #判断是否为华氏温度
    c = (float(t[0:-1]) - 32)/ 1.8       #华氏温度转摄氏温度
    print(f"对应的摄氏温度:{c:.2f}C")
elif t[-1] in 'cC':                      #判断是否为摄氏温度
    f = 1.8 * float(t[0:-1]) + 32        #摄氏温度转华氏温度
    print(f"对应的华氏温度:{f:.2f}F")
else:                                    #输入时不是 F(f)或 C(c)结尾
    print('输入错误！')
```

程序运行结果如下：
输入：
36.5C
输出：
对应的华氏温度：97.70F
输入：
100f
输出：
对应的摄氏温度：37.78C

输入：
120a
输出：
输入错误！

在第 2 章中我们学习了很多 Python 的内置函数，其中字符串常用的内置函数包括 len(s)、str(x)、ord(c)、chr(n)等。

```
>>>len('你好 2023')
6
>>>str(123)
'123'
>>>ord('A')
65
>>>chr(65)
'A'
```

【例 4.5】输出 100~999 范围内的水仙花数。

分析：水仙花数的判断规则为：其各位数字的立方和等于该数本身，如 $153=1^3+5^3+3^3$

程序代码如下：

```
for num in range(100,1000):
    s = 0                      #每测试一个数都需要重新初始化 s
    for i in str(num):         #遍历当前数中的各位数字
        s = s + int(i) ** 3    #求各位数字的立方和
    if num == s:               #若 s 与 num 相等，则该数是水仙花数
        print(num,end=' ')
```

程序运行结果如下：
153 370 371 407

4.1.4 字符串常用方法

除了支持有序序列通用操作和内置函数之外，Python 还提供了大量的方法，方便实现字符串判定、查找、替换、转换、分隔、截取等操作，使用方法为：

字符串对象名 . 字符串方法名

编辑环境中，在字符串对象的后面输入“.”后，系统会自动弹出字符串对象的所有应用方法，如图 4-3 所示。

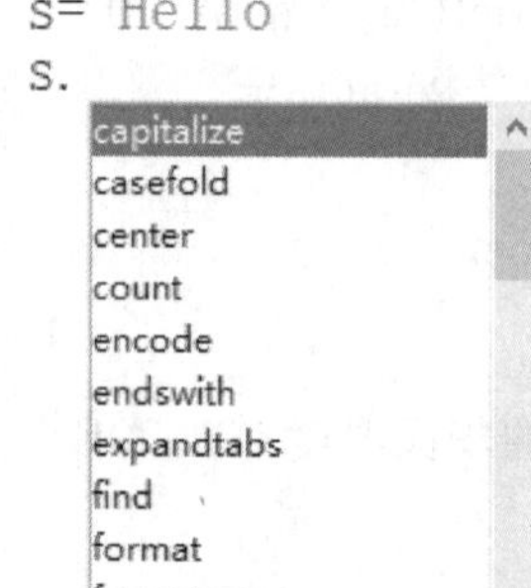

图 4-3 字符串对象的方法

字符串常用方法如表 4-3 所示，其中 s 指字符串对象名，假设 s1= ' How are you '。

表 4-3　字符串常用方法

	方　法	功　能	示　例	结　果
判定	s. isnumeric( )	字符串全部是数字则返回 True，否则返回 False	s1. isnumeric( ) "123". isnumeric( )	False True
	s. isalpha( )	字符串全部是字母则返回 True，否则返回 False	s1. isalpha( ) "AbCD". isalpha( )	False True
转换	s. upper( )	将所有字母转换成大写	s1. upper( )	' HOW ARE YOU '
	s. lower( )	将所有字母转换成小写	s1. lower( )	' how are you '
查找统计	s. index(c)	在字符串中找出第 1 个出现 c 子串的位置，找不到则抛出异常	'abbcksbc'. index('bc')	2
	s. find(c)	在字符串中找出第 1 个出现 c 子串的位置，找不到则返回-1	'abbcksbc'. find('bc') 'abbcksbc'. find('W')	2 -1
	s. count(c)	c 子串在 s 中出现的次数	'abbcksbc'. count('b')	3
替换	s. replace(old,new)	将字符串中用 new 子串替换 old 子串	s1. replace("o","aa")	' Haaw are yaau '
切分	s. split([c])	将字符串按照 c 分隔符分离（缺省为空格），返回结果是列表	s1. split( )	['How', 'are', 'you']
截取	s. strip([c])	去掉字符串首尾的 c 子串，缺省去掉首尾空格	s1. strip( )	'How are you'
连接	c. join(L)	将序列 L 中的元素用字符 c 作为连接符连接成字符串	lst= ['10', '20', '15'] ":". join(lst) ":". join('abc')	'10:20:15' 'a:b:c'

说明：

（1）字符串是不可变数据类型，方法作用于字符串后会返回相应结果，但字符串本身不会改变，例如，

```
>>>s='Hello Python 编程语言'
>>>s. upper( )        #返回字符串"HELLO PYTHON 编程语言"
>>>s                  #字符串 s 依旧是"How are you"，未发生改变
```

（2）字符串使用 upper( )和 lower( )方法转换时，字符串中的非英文字母字符不进行转换。

（3）find( )、index( )、count( )方法均可以指定查找和统计范围，使用索引号指定开始和结束位置，例如，

```
>>>s1=' How are you '
>>>s1. find('o',4,-1)       #返回指定范围内第一次出现字符"o"的位置 10
>>>s1. index('o',4,-1)      #同于 find( )方法，返回 10
>>>s1. count('o',4,-1)      #统计指定范围内"o"的出现次数，返回 1
```

（4）split( )方法，如果不指定分隔符，默认按空格分隔（多个空格也认为是一个），但若指定空格作为分隔符，就会将连续空格切分成空字符保存，例如，

```
>>>'abc  def'.split()        #返回列表['abc', 'def']
>>>'abc  def'.split(' ')     #返回列表['abc', '', 'def'],其中含有1个空字符串
```

（5）strip( )方法，使用时可以连续去除字符串首尾指定字符，例如，

```
>>>'ksdkdksks'.strip('ks')   #去除首尾字符"ks"后,返回字符串"dkd"
```

（6）join( )方法，使用此方法时，要求括号内序列中的元素都是字符串，否则系统会抛出异常，例如，

```
>>>lst=[10,'20','15']
>>>':'.join(lst)
```

```
Traceback (most recent call last):
  File "<pyshell#50>", line 1, in <module>
    ':'.join(lst)
TypeError: sequence item 0: expected str instance, int found
```

接下来我们通过几个例子，演示一下字符串方法的使用。

【例 4.6】统计一个字符串中含有的数字字符、英文字符和其他字符的个数。

分析：首先使用 for 循环遍历字符串，循环中使用分支结构，分别对遍历的每个字符利用 isnumeric( )和 isalpha( )方法判断其是数字字符、英文字符或者其他字符。

程序代码如下：

```
s= input('')
num=char=orther=0              #分别用于统计数字字符、英文字符、其他字符
for c in s:                    #遍历字符串 s
    if c.isnumeric():          #如果 c 是数字字符,则 num 加 1
        num=num+1
    elif c.isalpha():          #如果 c 是英文字符,则 char 加 1
        char=char+1
    else:                      #若 c 是其他字符,则 orther 加 1
        orther=orther+1
print(f"数字字符{num},英文字符{char}个,其他字符{orther}个")
```

```
程序运行结果如下:
输入:
Hello Python 2023!
输出:
数字字符 4,英文字符 11 个,其他字符 3 个
```

【例 4.7】输入一行字符，统计其中有多少个英文单词（假设不含空格的连续字符都是单词），例如，输入“Hello Python”，输出“There are 2 words in the line”。

分析：用 split( )方法将字符串切分为一个一个的单词（结果为列表），用 len( )函数统计

列表元素的个数，即可求得单词个数。

程序代码如下：

```
s=input()
lw=s.split()        #将字符串 s 按空格分隔切分（切分出每个单词）
n=len(lw)           #统计 lw 中的元素个数（即单词个数）
print(f'There are {n} words in the line')
```

程序运行结果如下：

输入：

How are you

输出：

There are3 words in the line

4.1.5 字符串举例

【例 4.8】 读入一个字符串，提取字符串中的英文字母，按字母升序连接成新字符串并输出，如果没有英文字母，则输出“no”，例如，输入“jfK38,s323ab9v”，则输出“Kabfjsv”。

分析：创建空字符串 s，然后循环遍历原字符串，用 isalpha()方法判断每个字符 c 是否是英文字母，若是则使用“+”运算符将 c 加入到字符串 s 中并记录个数。如果字符串 s 的个数不等于 0，则用 sorted()函数对 s 排序，最后使用 join()方法将排好序的列表元素连接成字符串并输出。若字符串 s 的个数等于 0，则没有英文字母，输出“no”。

程序代码如下：

```
s = ''                          #创建空字符串，用于存放提取的英文字母
n = 0                           #统计英文字母个数
string = input()                #输入字符串
for c in string:                #遍历字符串
    if c.isalpha():             #如果 c 是英文字母
        n = n + 1               #个数加 1
        s = s + c               #将字符 c 连接到 s 字符串后面
if n==0:                        #如果 n 是 0，则表示不包含英文字母
    print('no')
else:
    print(''.join(sorted(s)))   #用 sort 函数排序，用 join 方法连接成新字符串
```

程序运行结果如下：

输入：

jfK38,s323ab9v

输出：

Kabfjsv

输入：

```
9485..-=
输出:
No
```

【例 4.9】输入一行英文句子，将句子中的英文单词（假设不含空格的连续字符都是单词）逆序输出，例如，输入“I am a student ”，输出“student a am I”。

分析：将字符串用 split()方法切分成单词列表，创建空字符串，遍历列表，将每个单词连接到新字符串的前面。

程序代码如下：

```
s=input()               #输入以空格分隔的英文句子
ls=s.split()            #将每个单词切分至列表
new_s=''                #创建一个空字符串，用于存放逆序单词
for word in ls:         #遍历列表
    #将每个单词连接到字符串 new_s 的最前面并用空格隔开
    new_s=word+' '+new_s
print(new_s)
```

程序的运行结果如下：

```
输入:
I am a student
输出:
student a am I
```

4.2 列表

4.2.1 列表概念

列表是 Python 中重要的组合数据类型，一个列表可以存放多个数据，所有数据都放在一对“[ ]”中，各元素用逗号分隔，且每个数据的类型可以不同，例如，[10,21,8,43]、[3,'blue',6.5]、[65,73,[55,39,12],24]等都是合法的列表。

列表是有序序列，可以通过索引或切片访问单个或多个元素；列表还是可变数据类型，其长度和内容都是可变的，可以通过运算或方法实现列表元素的增加、删除和修改，使用起来非常方便。

4.2.2 列表基本操作

1. 创建列表

(1) 使用[ ]直接创建列表，例如，

```
>>>a=[2,11,4,22]
>>>b=['A',5,34.5,'Hello']
>>>c=[]  #创建空列表
```

（2）使用 list( ) 函数创建列表：list( ) 函数是 Python 提供的一个内置函数，可以将元组、range 对象、字符串、字典、集合或其他可迭代对象转换为列表，例如，

```
>>>list('Hello')                    #将字符串转列表，返回['H', 'e', 'l', 'l', 'o']
>>>list(('Python','C','Java'))      #将元组转列表，返回['Python', 'C', 'Java']
>>>list(range(1,6))                 #将 range 对象转换为列表，返回[1, 2, 3, 4, 5]
>>>lst=list()                       #创建空列表
```

（3）split( ) 方法可以将字符串根据指定字符切分成列表，例如，

```
>>>s='You are a student'
>>>s.split()          #返回列表 ['You', 'are', 'a', 'student']
```

2. 访问列表

列表是有序序列，可以使用索引访问列表中的某个元素，也可以使用切片访问列表的一部分元素，例如，

```
>>>lst1=[2,35,20,12]
>>>print(lst1[3])                   #返回 12
>>>print(lst1[1:3])                 #返回[35, 20]
```

对于二维列表可以通过行索引访问每行，也可通过行列索引访问每个元素，注意行列索引号均从 0 开始。访问格式为：

```
列表对象名[行索引]                  #访问二维列表的某行
列表对象名[行索引][列索引]          #访问二维列表的某个元素
```

例如，

```
>>>lst2=[['23001', 'Mary', '90'],
['23002', 'Tom', '78'],
['23003', 'Jack', '85']]
>>>print(lst2[1])                   #['23002', 'Tom', '78']
>>>print(lst2[1][1])                #'Tom'
```

还可以使用 for 循环遍历列表，访问列表的所有元素，例如，

```
>>>for i in lst1:                   #遍历 lst 列表
        print(i,end=',')            #输出列表的每个元素：2, 35, 20, 12,
>>>for item in lst2:
        print(item)
#按行输出二维列表元素
['23001', 'Mary', '90']
['23002', 'Tom', '78']
['23003', 'Jack', '85']
```

3. 更新列表

可以通过索引赋值的方式改变列表某元素的值，但注意，索引不能超出列表长度，否则系统将抛出异常，例如，

```
>>>lst=[2,35,20,12]
>>>lst[1]=100        #将1号索引元素的值替换为100
>>>print(lst)        #输出列表：[2, 100, 20, 12]
>>>lst[5]=200        #lst列表中不存在索引号为5的元素，系统抛出异常
```

```
Traceback (most recent call last):
  File "<pyshell#1>", line 1, in <module>
    lst[5]=200
IndexError: list assignment index out of range
```

还可以通过切片赋值的方式改变列表中多个元素的值，切片赋值时要求新值也是切片方式，且其长度是任意的，例如，

```
>>>lst=[2,35,20,12]
>>>lst[1:3]=[100,200]       #将索引号为1、2的元素的值替换为100、200
>>>print(lst)               #[2, 100, 200, 12]
>>>lst[1:3]=[300]           #将索引号为1、2的元素的值替换为300，列表长度减1
>>>print(lst)               #[2, 300, 12]
```

4. 列表常用操作和内置函数

在4.1.2中介绍的序列的“+”“*”in”或“not in”等运算同样适用于列表。例如，

```
>>>a=[1,2,3]
>>>b=['a','b']
>>>print(a+b)               #返回[1, 2, 3, 'a', 'b']
>>>print(a,b)               #[1, 2, 3] ['a','b']
>>>lst=[2, 35, 20, 12]
>>>print(lst * 2)           #[2, 35, 20, 12, 2, 35, 20, 12]
>>>print(100 in lst)        #False
>>>print(35 in lst)         #True
```

同样，列表也可以使用4.1.2节序列通用操作中介绍的len()、max()、min()、sum()和sorted()等内置函数，对一个包含整型数据的列表进行统计元素个数、寻找最大值/最小值和求和。需要注意的是，sum()仅针对数字类型的数据有用，另外，当列表中的元素类型不一致时，max()和min()函数会抛出异常。sorted()函数可对列表元素排序，但对原列表无影响。例如，

```
>>>lst=[2, 35, 20, 12]
>>>print(sum(lst),max(lst),min(lst),len(lst))  #69 35 2 4
>>>max([2,'a'])                                #列表元素类型不一致，系统抛出异常
```

```
Traceback (most recent call last):
  File "<pyshell#0>", line 1, in <module>
    max([2,'a'])
TypeError: '>' not supported between instances of 'str' and 'int'
```

```
>>>print(sorted(lst))                      #升序排序 [2, 12, 20, 35]
>>>print(sorted(lst,reverse=True))         #降序排序[35, 20, 12, 2]
>>>print(lst)                              #lst 列表不变 [2, 35, 20, 12]
```

【例 4.10】随机生成小写字母。随机产生 10 个不同的小写英文字母，按升序排序后输出。

分析：英文小写字母的编码值介于 97 和 122 之间，先使用 random 模块的 randint(97, 122)产生随机数，然后使用 chr()函数将其转换为小写字母，如果该小写字母没出现过，则将其追加到列表中，最后使用 sorted()函数排序即可。

程序代码如下：

```
from random import *              #导入 andom 库
L=[]                              #创建空列表，存储小写字母
while len(L)<10:                  #列表长度小于 10，循环继续
    c=chr(randint(97,122))        #产生随机数并将其转换为对应的小写字母
    if c not in L:                #如果该小写字母 c 不在 L 中
        L=L+[c]                   #将字母 c 追加到 L 末尾
print(sorted(L))                  #L 按升序排序后输出
```

程序运行结果如下：

['d', 'e', 'i', 'j', 'n', 'o', 'r', 's', 'w', 'x']

4.2.3 列表常用方法

除了上述基本操作外，Pyhton 还为列表提供了一些内置方法，常用的列表内置方法如表 4-4 所示。

表 4-4 列表常用的内置方法

列表方法	功能描述
L.append(a)	将元素 a 追加到列表 L 末尾
L.extend(Lst)	将列表 Lst 中的元素追加到列表 L 末尾
L.insert(i,a)	在列表 L 的 i 索引处添加元素 a
L.remove(a)	在列表中删除 a，如果 a 不存在，则抛出异常
L.pop([i])	删除并返回列表中索引号为 i 的元素，缺省删除末尾元素
L.index(a)	返回列表中 a 的索引号，如果 a 不存在，则抛出异常
L.count(a)	返回列表中 a 的出现次数
L.sort(key=None,reverse = True)	对列表排序，其中，key 是排序规则；reverse 为 True 表示降序，为 Fale 或缺省表示升序

上述列表方法直接作用于列表，操作完成后会对原列表产生影响。下面对表 4-4 中所述方法进行简单介绍。

1. 列表元素追加：append()方法、extend()方法

例如，

```
>>>ls1=[12,3,25,6]          #创建列表ls1
>>>ls1.append(100)          #使用append方法将100添加到ls1末尾
>>>print(ls1)               #输出追加后的ls1，即[12, 3, 25, 6, 100]
>>>ls2=[10,20]              #创建列表ls2
>>>ls1.extend(ls2)          #向ls1末尾追加ls2元素
>>>print(ls1)               #输出追加后的ls1，即[12, 3, 25, 6, 100, 10, 20]
```

2. 列表元素插入：insert()方法

例如，

```
>>>ls1=[12,3,25,6]
>>>ls1.insert(2,200)        #在ls1列表的2号索引处插入200
>>>print(ls1)               #输出插入后的ls1，即[12, 3, 200, 25, 6]
```

3. 列表元素删除

（1）remove()方法，例如，

```
>>>ls1=[12,3,25,6]
>>>ls1.remove(25)           #删除ls1中的元素25
>>>print(ls1)               #输出删除后ls1，即[12, 3, 6]
```

使用remove()方法删除列表中不存的元素时，系统抛出异常，例如，

```
>>>ls1.remove(2)            #删除ls1中不存在的元素2
```

```
Traceback (most recent call last):
  File "<pyshell#15>", line 1, in <module>
    ls1.remove(2)
ValueError: list.remove(x): x not in list
```

（2）pop()方法，例如，

```
>>>ls1=[12,3,25,6]
>>>ls1.pop(2)               #删除ls1中索引号为2的元素并返回25
>>>print(ls1)               #输出删除后的列表，即[12, 3, 6]
>>>ls1.pop()                #删除ls1末尾元素并返回6
>>>print(ls1)               #输出删除后的列表，即[12, 3]
```

4. 列表元素查找：index()方法

例如，

```
>>>ls1=[12,3,25,6]
>>>ls1.index(3)       #返回ls1列表中元素3的索引号，返回1
```

如果查找的元素不存在，系统抛出异常。

5. 列表元素统计：count()方法

例如，

```
>>>ls1=[1,2,1,4,22,1]
>>>ls1.count(1)          #统计ls1列表中1出现的次数，返回3
```

6. 列表元素排序：sort()方法

例如，

```
>>>ls1=[1,2,1,4,22,1]
>>>ls1.sort()                  #ls1 列表元素按升序排序
>>>print(ls1)                  #输出按升序排序的列表，即[1, 1, 1, 2, 4, 22]
>>>ls1.sort(reverse=True)      #排序时将 reverse 参数设置为 True，列表按降序排序
>>>print(ls1)                  #输出按降序排序的列表，即[22, 4, 2, 1, 1, 1]
```

【例 4.11】 斐波那契数列指的是这样一个数列：1、1、2、3、5、8、13……，这个数列的前两项都是 1，从第 3 项开始每一项都等于前两项之和。数学上，斐波那契数列以递归的形式进行定义：$F(1)=1F(2)=1F(n)=F(n-1)+F(n-2)(n\geqslant 3,n\in N*)$。编程实现输出斐波那契数列的前 n 项（n 为随机产生的 1~20 的整数）。

分析：导入 random 模块，调用 randint()函数产生随机数 n，创建列表 lst 用于存储数列元素。利用循环生成数列的第 3~n 个数（注意每个数在列表中的索引序号），将生成的每个数通过 append()方法追加到列表末尾。

程序代码如下：

```
import random                     #导入随机模块
n=random.randint(1,20)            #调用 randint()函数产生随机数 n
print(f'n={n}')                   #输出 n
lst=[1,1]                         #创建列表 lst，用于存储斐波那契数列
for i in range(2,n):              #循环生成 lst 的第 i 个元素
    num=lst[i-1]+lst[i-2]         #第 i 个元素等于与它相邻的前两项之和
    lst.append(num)               #将第 i 个元素追加至列表末尾
print(lst)
```

程序运行结果如下：

```
n=9
[1, 1, 2, 3, 5, 8, 13, 21, 34]
```

【例 4.12】 列表去重排序。输入一行由逗号隔开的多个整数，编程实现按降序输出该行不重复的数据。例如，输入：2,31,4,2,11,21,23,66，输出：66,31,23,21,11,4,2。

分析：将输入的字符串通过 split()方法，以逗号分隔切分成列表 ls1（此时元素类型是 str），然后将 ls1 通过列表推导式生成新列表（元素类型是 int）。再将 ls1 按降序排序，遍历 ls1 中的每个元素，若该元素不在空列表 ls2 中，将其追加到 ls2 中，最后使用 join()方法连接起来输出。

程序代码如下：

```
ls1=list(map(int,input().split(',')))
 #调用 split()方法和 map()函数，将输入内容切分并映射成 int 型存入 ls1
ls2=[]                        #创建空列表 ls2
for i in ls1:                 #遍历 ls1 中的每个元素 i
    if i not in ls2:          #若 i 不在 ls2 中
```

```
        ls2. append(i)          #则将 i 追加到 ls2 末尾
ls2. sort(reverse=True)         #对 ls2 降序排序
print(','. join(map(str,ls2)))
 #map()函数将 ls2 中的每个列表元素映射成 int 型，然后使用 join()方法连接起来
```

程序运行结果如下：
输入:3,2,5,42,2,3,75,34
输出:75,42,34,5,3,2

4.2.4 列表推导式

列表推导式又称为列表生成式，可以将其理解为一种集成了变换和筛选功能的函数。列表推导式提供了一种简明的方法来创建列表，其格式为：

[表达式 for 变量 1 in 列表 if 条件表达式 1
for 变量 2 in 列表 if 条件表达式 2
……
for 变量 n in 列表 if 条件表达式 n]

说明：列表推导式可以简化代码，将列表中的每个元素通过某种运算或筛选得到一系列新数据，创建一个新列表，其中条件表达式可以省略。

列表推导式是一种创建和使用列表的简洁方式，在逻辑上等价于循环语句，但在语法上更简洁。通常在 for 前面的是表达式或函数，在 if 后面的是筛选条件，例如，

```
#用 10~19 间能被 3 整除的整数组成新列表
>>>lst=[x for x in range(10,20) if x%3==0]
```

与上述列表推导式等价的循环语句为：

```
lst=[]
for x in range(10,20):
    if x%3==0:
        lst. append(x)
>>>print(lst)        #[12, 15, 18]
#将每个字符串元素用 int 函数转换后组成新列表
>>>a=[int(i) for i in '12345']
>>>print(a)          #[1, 2, 3, 4, 5]
```

利用列表推导式，可以使用下面这条语句替代例 4.12 程序中的第一行。

```
ls1=[int(i) for i in input(). split(',')]
```

【例 4.13】 用列表推导式将二维列表转化为一维列表，且每个元素均是 5 的倍数。

程序代码如下：

```
lst_old=[[3,21,15],[12,5,20,4],[80,7,30],[49,25]]
lst_new=[i for item in lst_old for i in item if i%5==0]
print(lst_new)
```

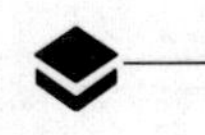

程序运行结果如下：

[15, 5, 20, 80, 30, 25]

4.2.5　列表举例

【例 4.14】 英文字母出现的频率统计。任意输入一行字符串，统计其中各英文字母出现的频率。

分析：创建空列表 list_c，存放字符串中出现的不同的英文字母；遍历字符串，使用 isupper()和 islower()方法判断字符 c 是否是大写或小写英文字母，若是则再用 not in 判断 c 是否在 list_c 列表中，不在则将字符 c 增加到列表中；最后遍历 list_c 列表，输出列表中的每个元素，并统计该元素在字符串中出现的次数。

程序代码如下：

```
text= input()
list_c= []                              #空列表存放字符串中不同的英文字母
for c in text:                          #遍历字符串
    if c.islower() or c.isupper():      #若字符 c 是英文字母
        if c not in list_c:             #若字符 c 不在列表中
            list_c.append(c)            #在列表中增加字符 c
for c in list_c:                        #遍历列表
print(f'{c}:{text.count(c)}')           #输出字符 c 及其在字符串中出现的次数
```

程序运行结果如下：

输入：

Hello Pyhon 程序设计语言！

输出：

H:1

e:1

l:2

o:2

P:1

y:1

h:1

n:1

【例 4.15】 评委打分。某演讲比赛由 10 个评委打分，打分规则为去掉一个最高分和一个最低分，剩余 8 个分数的平均分即为选手得分，请编程计算选手的得分。要求：输入 10 个评委的打分时用空格分隔，输出保留到小数点后 2 位。

分析：使用 split()方法将输入分数切分成列表，同时使用 map()函数将列表元素类型转换为 int 型。分别使用 max()、min()、sum()函数求出最高分、最低分和总分，最后计算平均得分。

程序代码如下：

```
score=list(map(int,input().split()))
m=max(score)
n=min(score)
aver=(sum(score)-m-n)/8
print(f"最终得分:{aver:.2f}")
```

程序运行结果如下：

输入：

95 93 89 90 87 88 91 93 96 90

输出：

最终得分:91.12

4.3 元组

4.3.1 元组的概念

元组是用一对“( )”定界起来的一组数据，各数据之间用“,”隔开，元组是有序序列。元组中各数据称为元组元素，每个元素的类型可以相同，也可以不同。元组也可以嵌套，即元组的元素也可以是元组。元组是不可变序列，即元组中的元素不可改变。例如，(2,3,4)、('张明','男',[67,82,90])、((1,2),(3,4),(5,6))都是元组数据。

4.3.2 元组的创建

元组的创建于列表类似，可以使用“()”直接创建，也可以使用 tuple()函数创建。

```
>>>t1=(0,1,2,3,4,5)
>>>t2=0,1,2,3,4,5              #t1 和 t2 效果相同
>>>t3=()                       #创建空元组()
```

注意创建仅含有一个元素的元组时，要在后面加逗号，否则系统不认可。

```
>>>t4=(2,)                     #“,”是必需的
>>>print(t4)                   #(2,)
>>>t5=(2)
>>>print(t5)                   #系统默认 t5 是整数，主不是元组
```

tuple()函数可以将列表、字符串等可迭代对象转化为元组。

```
>>>t6=tuple()                  #创建空元组，并赋值给变量 t6
>>>t7=tuple("hello")           #将字符串转换为元组
>>>print(t7)                   #('h', 'e', 'l', 'l', 'o')
```

```
>>>t8=tuple(range(10))          #将 range 可迭代对象转换为元组
>>>print(t8)                    #(0, 1, 2, 3, 4, 5, 6, 7, 8, 9)
```

4.3.3 元组的基本操作

用户可以使用索引和切片访问元组元素，但因为元组是不可变序列，所以对元组不可以进行修改、追加、插入、删除操作。

```
>>>t7=tuple("hello")          #产生元组('h', 'e', 'l', 'l', 'o')
>>>print(t7[3])               #输出元组 3 号索引，为字符 l
>>>t7[3]='L'                  #试图通过赋值改变元组元素，系统抛出异常
Traceback (most recent call last):
  File "<pyshell#49>", line 1, in <module>
    t7[3]='L'
TypeError: 'tuple' object does not support item assignment
>>>print(t7[1:4])             #切片访问元组，输出 ('e', 'l', 'l')
```

有序序列常用内置函数，如 max()、min()、sun()、len()、sorted()等对元组都适用。

```
>>>t=(3,4,11,67,5)
>>>print(max(t),min(t),sum(t),len(t))     #输出 67 3 90 5
>>>print(sorted(t))                       #元组元素排序，返回[3, 4, 5, 11, 67]
```

元组的内置方法只有 index()和 count()

```
>>>(3,4,11,67,4).index(4)     #查找元组中的元素 4 第一次出现的索引号，返回 1
>>>(3,4,11,67,4).count(4)     #统计元组中的元素 4 出现的次数，返回 2
```

元组与列表有很多相似之处，例如，数据存储、进行的操作、函数和方法等，但元组是不可变数据类型，不能进行修改、删除、插入、追加等操作，所以也称它为“只读”列表。元组常用于多变量同步赋值（即序列解包）和函数返回值中。

```
>>>x,y=(10,20)        #将 10 赋值给 x，20 赋值给 y
>>>print(x,y)         #输出结果为 10 20
```

4.4 字典

4.4.1 字典的概念

现实应用中经常希望从一个值查找到另一个值，例如，通过工号找到职工的姓名，通过商品找到商品的价格等，但无论是列表还是元组都是通过索引号实现对元素的访问，无法体现两者的对应关系，但字典类型就能很好地解决此类问题。

字典是 Python 中唯一的映射类型，采用一对大括号{}定界，在{}内用逗号隔开多个键值对 key:value。每个元素表示的是“键”和“值”的映射关系，可以通过指定的键从字典快速

访问值。用字典解决上述问题时，可以将一种信息作为字典的键，将另一种信息作为字典的值，如{'23001'：'张明'，'23002'：'陈丽'，'23003'：'李晓龙'}。

4.4.2 字典的基本操作

1. 创建字典

（1）用{}直接创建字典

字典中的每个元素都包含键和值两部分，创建字典时，键和值之间使用冒号：分隔，元素之间用逗号分隔，整个字典放在大括号{}中，格式如下：

d = {key1 : value1, key2 : value2 }

其中，d 表示字典名，key：value 表示各个元素的键值对；键只能是数值、字符串、元组等不可变类型的数据，不允许重复；值可以是任意类型的数据，可重复。

```
>>>dict1={}                                  #创建空字典
>>>dict2={'23001':'张明','23002':'陈丽'}      #创建非空字典
```

（2）用 dict()函数创建字典

例如，

```
>>>dict3=dict()                              #创建空字典
```

可以使用包含两个元素（键和值）的元组或列表作为 dict()的参数来创建字典，例如，

```
>>>dict4=dict([(1,"Mon"),(2,"Tue"),(3,"Wen"),(4,"Thu")])
>>>dict5=dict(((1,"Mon"),(2,"Tue"),(3,"Wen"),(4,"Thu")))
>>>dict6=dict(([1,"Mon"],[2,"Tue"],[3,"Wen"],[4,"Thu"]))
>>>dict7=dict([[1,"Mon"],[2,"Tue"],[3,"Wen"],[4,"Thu"]])
```

dict4、dict5、dict6、dict7 的值是相同的，即都是{1：'Mon'，2：'Tue'，3：'Wen'，4：'Thu'}。

采用在 dict()函数的参数中给键名赋值并创建字典的方式，可以不给键名加引号，例如，

```
>>>dict8=dict(name='张明',age=18)
>>>print(dict8)           #{'name': '张明', 'age': 18}
```

用 zip()函数和 dict()函数相结合的方式创建函数，例如，

```
>>>keys=['name','age']
>>>values=['张明',18]
>>>dict9=dict(zip(keys,values))
>>>print(dict9)      #创建和 dict8 值一样的字典，即{'name': '张明', 'age': 18}
```

（3）用字典推导式创建字典

例如，

```
>>>name = ['孙晓丽', '张明宇']
>>>phone = ['15655557777', '15922226666']
>>>dict10={k:v for k,v in zip(name,phone)}      #创建字典
>>>print(dict10)      #{'孙晓丽': '15655557777', '张明宇': '15922226666'}
```

2. 访问字典

列表、元组等有序序列都是通过索引和切片来访问元素，但字典是无序的，所以不能使用索引或切片访问，可以通过“键”访问“值”，或使用方法和循环遍历访问。

(1) 通过“键”访问“值”

该访问方式的格式为：

字典对象名[键]

例如，

```
>>>dic1={'孙晓丽':'15655557777','张明宇':'15922226666'}
>>>print(dic1['张明宇'])          #通过姓名获取张明宇的电话 15922226666
```

如果要查询的键不在字典中，则系统会抛出异常，例如

```
>>>name=input()                   #输入姓名“李红”
>>>tel=dic1[name]                 #“李红”不在字典中，系统抛出异常
```

```
Traceback (most recent call last):
  File "<pyshell#44>", line 1, in <module>
    tel=dic1[name]
KeyError:'李红'
```

可以先用测试 in 运算，判断查询的键是否存在，以避免产生异常，例如，

```
name=input()                      #输入待查人姓名
if name in dic1:                  #判断姓名是否在 dic1 中
    print(dic1[name])             #若在，则输出 dic1 中该键对应的值
else:                             #若不存在，则输出提示信息
    print('该人数据不存在')
```

(2) 使用 for 循环遍历字典

循环遍历时，只需在字典的所有键中遍历即可，例如，

```
>>>dic1={'孙晓丽':'15655557777','张明宇':'15922226666'}
>>>for k in dic1:                 #遍历 dic1 的所有键
        print(f'{k}:{dic1[k]}')  #输出结果为孙晓丽:15655557777、张明宇:15922226666
```

3. 更新字典

(1) 修改、添加字典

修改、添加字典的格式为：

d[key]=value

功能：当 key 在字典中存在时，修改元素的值；当 key 不在字典中存在时，新添加一个元素，例如，

```
>>>dic1={'孙晓丽':'15655557777','张明宇':'15922226666'}
>>>dic1['张明宇']='13588889999'     #dic1 中存在“张明宇”，修改其值
>>>print(dic1)      #{'孙晓丽':'15655557777','张明宇':'13588889999'}
```

```
>>>dic1['孙亮']='13855556666'   #dic1 中不存在“孙亮”，将其添加到字典元素中
#输出{'孙晓丽':'15655557777','张明宇':'13588889999','孙亮':'13855556666'}
>>>print(dic1)
```

【例 4.16】 创建通信录。创建一个由姓名和电话号码构成的通信录，依次输入姓名和电话号码，当输入的姓名是回车时结束创建。

分析：创建空字典、姓名作为键，电话号码作为值存入字典中。重复输入姓名，然后对姓名进行判断其是否是回车以及是否在字典中，若是回车则结束循环，若不在字典中，则再输入电话号码，添加字典元素，若在字典中则继续循环输入下一个姓名。

程序代码如下：

```
tel={}                #创建空字典
while True:
    name=input("姓名(输入回车结束):")     #输入 name
    if name=='':                          #如果输入回车则输出字典并结束循环
        print("创建结束！通信录如下:")
        print(tel)
        break
    elif  name not in tel:            #若姓名 name 不在字典中
        num=input("电话:")            #输入电话号码
        tel[name]=num                 #添加字典元素
    else:                             #若姓名 name 已存在，继续循环输入下一个姓名
        print("联系人已存在,请重新输入!")
```

```
程序运行结果如下：
姓名(输入回车结束)：陈红
电话：11111111
姓名(输入回车结束)：李明
电话：22222222
姓名(输入回车结束)：陈红
联系人已存在，请重新输入!
姓名(输入回车结束)：孙敏
电话：33333333
姓名(输入回车结束)：
创建结束！通信录如下：
{'陈红':'11111111','李明':'22222222','孙敏':'33333333'}
```

（2）删除字典

Python 可以通过 del 命令删除字典元素或整个字典，其格式为：

del d[key]　或　del d

在删除字典元素时，如果 key 不存在，系统会抛出异常，例如，

```
>>>week={1:'Mon',2:'Tue',3:'Wen',4:'Thu',5:'Fri'}
```

```
>>>del week[4]          #删除键为 4 的字典元素(键值对删除)
>>>print(week)          #删除后的字典为{1: 'Mon', 2: 'Tue', 3: 'Wen', 5: 'Fri'}
>>>del week[7]          #week 中不存在键为 7 的元素，系统抛出异常
```

```
Traceback (most recent call last):
  File "<pyshell#3>", line 1, in <module>
del week[7]
```

```
>>>del week             #删除整个字典
>>>print(week)          #week 字典已删除，不能再输出
```

```
Traceback (most recent call last):
  File "<pyshell#5>", line 1, in <module>
    print(week)
NameError: name 'week' is not defined
```

4.4.3 字典常用方法

除了上述基本操作外，Pyhton 还为字典提供了一些内置方法。常用的字典内置方法如表 4-5 所示。使用这些方法可以轻松实现对字典的键、值、键值对访问、键值对删除等操作。

表 4-5 常用的字典内置方法

内置方法	功能描述
d.get(key[,default])	若 key 存在，返回 key 对应的值；若 key 不存在，默认返回 None 或 default
d.keys()	返回字典 d 中所有键的可迭代对象
d.values()	返回字典 d 中所有值的可迭代对象
d.items()	返回字典 d 中所有条目（键值对）的可迭代对象
d.clear()	清空字典 d，删除其中所有的元素，让 d 成为空字典
d.pop(key)	返回 key 对应的值，并删除字典 d 中该键值对
d.update(dic)	将字典 dic 中的键值对添加到字典 d 中，若有相同的键，则更新键对应的值

1. 字典的访问

(1) get()方法

get()方法的示例如下：

```
>>>dic1={'孙晓丽': '15655557777', '张明宇': '15922226666'}
>>>print(dic1.get('孙晓丽'))        #dic1 中存在"孙晓丽"键，输出 15655557777
>>>print(dic1.get('李红'))          #dic1 中不存在"李红"键，输出 None
#dic1 中不存在"李红"键，输出"不存在此人信息"
>>>print(dic1.get('李红','不存在此人信息'))
```

【**例 4.17**】创建通信录 2，使用 get( )方法实现例 4.16 的功能。

程序代码如下：

```
tel={}                                      #创建空字典
while True:
    name=input("姓名(输入回车结束):")#输入 name
    if name=='':                            #如果输入回车则输出字典并结束循环
        print("创建结束！通信录如下:")
        print(tel)
        break
    elif tel.get(name,0)==0:            #使用 get()方法，判断姓名 name 是否在字典中
        num=input("电话:")              #输入电话号码
        tel[name]=num                   #添加字典元素
    else:                               #若姓名 name 已存在，继续循环输入下一个姓名
        print("联系人已存在，请重新输入!")
```

```
程序运行结果如下：
姓名(输入回车结束)：李强
电话：11111111
姓名(输入回车结束)：陈红
电话：22222222
姓名(输入回车结束)：陈红
联系人已存在，请重新输入！
姓名(输入回车结束)：孙明
电话：33333333
姓名(输入回车结束)：
创建结束！通信录如下：
{'李强': '11111111', '陈红': '22222222', '孙明': '33333333'}
```

（2）keys( )、values( )、items( )方法

keys( )、values( )和 items( ) 3 种方法返回的可迭代对象可以直接使用 for 循环遍历，也可以使用 list( )函数将可迭代对象转换成列表，例如

```
>>>for k in dic1.keys():              #遍历 dic1 中所有键组成的可迭代对象
        print(k,end=' ')              #输出：孙晓丽 张明宇
>>>print(list(dic1.values()))         #输出结果为：['15655557777', '15922226666']
>>>print(list(dic1.keys()))           #输出结果为：['孙晓丽', '张明宇']
>>>print(list(dic1.items()))
#输出结果为：[('孙晓丽', '15655557777'), ('张明宇', '15922226666')]
```

2. 字典更新

字典更新可使用 uppdate( )方法实现，例如，

```
>>>dic1={'孙晓丽':'15655557777','张明宇':'15922226666'}
>>>dic2={'陈晨':'11111111111'}
>>>dic1.update(dic2)          #将 dic2 中的键值对添加到 dic1 中
>>>print(dic1)
```

上述代码中，print(dic1)的输出结果为：{'孙晓丽': '15655557777', '张明宇': '15922226666', '陈晨': '11111111111'}。

```
>>>dic3={'孙晓丽':'22222222222','李强':'33333333333'}
>>>dic1.update(dic3)          #dic3 中存在与 dic1 中重名的键，修改其值
>>>print(dic1)
```

上述代码中，print(dic1)的输出结果为：{'孙晓丽': '22222222222', '张明宇': '15922226666', '陈晨': '11111111111', '李强': '33333333333'}。

3. 字典删除

（1）pop()方法

```
>>>dic1= {'孙晓丽': '15655557777', '张明宇': '15922226666', '陈晨': '11111111111'}
>>>print(dic1.pop('陈晨'))   #返回“11111111111”，并删除 dic1 中相应的键值对
>>>print(dic1)
```

上述 print(dic1)用于输出删除后的 dic1，内容为：{'孙晓丽': '22222222222', '张明宇': '15922226666', '李强': '33333333333'}。

（2）clear( )方法

clear()方法可以删除字典的所有元素，使其成为空字典。

```
>>>dic1.clear()          #删除 dic1 中的所有元素
>>>print(dic1)           #dic1 成为空字典
```

4.4.4　字典常用函数

常用的序列统计函数 len()、sum()、max()、min()、sorted()对字典也适用，但用得最多的是 sorted()函数，除了 len()函数用于返回字典元素个数外，其余几个函数默认对字典键进行操作，例如，

```
>>>week={1:'Mon', 3:'Wen',4:'Thu', 2:'Tue',5:'Fri'}
>>>print(max(week),min(week),sum(week))   #返回 5 1 15
>>>print(len(week))                        #返回 5
>>>sorted(week,reverse=True)   #对 week 的键进行降序排序，排序结果为[5, 4, 3, 2, 1]
```

实现对指定键、值或键值对排序，可以利用 sorted()中的关键字 key=lambda 函数，字典中的 keys()、values()、items()方法来完成。

```
>>>sorted(week.keys())   #对字典键排序[1, 2, 3, 4, 5]，同 sorted(week)
>>>sorted(week.values()) #对字典值排序，排结果为['Fri', 'Mon', 'Thu', 'Tue', 'Wen']
>>>sorted(week.items())  #对字典键值对按键升序排序
#返回[(1, 'Mon'), (2, 'Tue'), (3, 'Wen'), (4, 'Thu'), (5, 'Fri')]
```

```
>>>sorted(week.items(),key=lambda item:item[1])  #指定按值对字典键值对排序
#返回 [(5, 'Fri'), (1, 'Mon'), (4, 'Thu'), (2, 'Tue'), (3, 'Wen')]
```

4.4.5 字典举例

【例 4.18】查询及更新字典。一个字典中存放了学生姓名和他的选修课程，编程实现：按学生姓名查询选修课程，即输入学生姓名，输出其选修课程。若该学生不在字典中，提示“无该生信息！是否添加?”，如果输入 Y，表示要添加该学生到字典中，则在一行中用逗号隔开输入其选修课程并将其添加到字典中，最后输出字典信息。

分析：利用 get()方法从 dic1 中获取与姓名对应的值，若返回值不等于 0，表示在 dic1 中查到该学生，则输出其选修课程。若返回值等于 0，表示未查到该学生，但希望添加时输入选修课程，添加键值对。

程序代码如下：

```
dic1={'李明':['高数','外语','Python'],
      '陈潇':['高数','大物','C 语言'],
      '孙晓晓':['大物','外语','体育'],
      '张敏':['思政','马哲','体育']}
name=input()
if dic1.get(name,0)!=0:              #如果 get()方法返回 0，则表示在 dic1 中没找到
    kc=','.join(dic1[name])          #将 dic1 中 name 键对应的值连接成字符串
    print(f'{name}:{kc}')
else:
      yn=input('无该生信息！是否添加？(Y/N)')
      if yn == 'Y':
          ls=input('请输入该生的选修课程:').split(',')  #输入选修课程
          dic1[name]=ls              #添加字典
          for k,v in dic1.items():  #遍历字典条目
              v=','.join(v)          #将每个人的选修课程列表合并成字符串
              print(f'{k}:{v}')
```

程序运行结果如下：

输入：

李明

输出：

李明：高数，外语，Python

输入：

陈红

输出：

无该生信息！是否添加？(Y/N) Y (此处输入 Y)

```
请输入该生选修的课程：体育，高数
李明：高数，外语，Python
陈潇：高数，大物，C 语言
孙晓晓：大物，外语，体育
张敏：思政，马哲，体育
陈红：体育，高数
```

【例 4.19】 用字典存放学生成绩单，输出平均分及高于平均分的学生信息。

程序代码如下：

```
score={'Mary':78,'Jack':85,'Tom':74,'Amy':90,'Peter':86}
ave=sum(score.values())/len(score)
print(f'average={ave}')
for k,v in score.items():
    if v>ave:
        print(f'{k}:{v}')
```

```
程序运行结果如下：
average=82.6
Jack:85
Amy:90
Peter:86
```

【例 4.20】 输入一行英文语句，统计其中各英文字母出现的频率（不区分大小写）。

分析：因为不区分大小写，现将输入的英文字母全部转换为大写，创建空字典，字典由“英文字母：次数”键值对组成。遍历字符串，在字典中用 get() 方法查找字符 c，若没出现过则将次数赋值为 1，否则次数加 1，最后输出字典的键值对。

程序代码如下：

```
text= input().upper()          #将所有英文字母转换为大写
dic={}                         #空字典，存放由“英文字母：次数”组成的键值对
for c in text:                 #遍历字符串
    if dic.get(c,0)==0:
        dic[c]=1
    else:
        dic[c]=dic[c]+1
for k,v in dic.items():        #遍历字典键值对
    print(f'{k}:{v}')          #输出键值对
```

```
程序运行结果如下：
输入：
Tomhellohow
输出：
```

```
T:1
O:3
M:1
H:2
E:1
L:2
W:1
```

4.5 集合

4.5.1 集合的概念

集合是一个无序且不存在重复元素的类型，其概念和数学中的集合类似。集合中的元素必须是不可变数据类型，即只能是数值、字符串和元组，而不能是列表、字典和集合等可变数据类型的数据。Python 规定集合元素放在一对大括号{}中，例如，{(10, 20),2, 3.14, 'how'}是合法的，但{[10,20],2,3.14, 'how'}就是非法的。

4.5.2 集合的基本操作

1. 创建集合

(1) 用{}直接创建

例如，

```
>>>s1={1,2,5,3}          #创建集合 s1
```

注意：

不能用{}创建空集合，因为 Python 中{}用于创建空字典，例如，

```
>>>s2={}
>>>print(type(s2))      #type()函数，返回参数 s2 的类型<class 'dict'>
```

(2) 用 set()函数创建

例如，

```
>>>s3=set()                  #创建空集合 s3
>>>print(type(s3))           #返回 s3 的类型<class 'set'>
>>>s4=set(range(0,11,2))     #将 range 可迭代对象转换为集合
>>>print(s4)                 #输出结果为{0, 2, 4, 6, 8, 10}
>>>s5=set("Python")          #将字符串转换为集合
>>>print(s5)                 #{'y', 'h', 'P', 'o', 'n', 't'}集合是无序的，所以输出顺序不确定
```

利用集合无重复元素的特性，可快速实现去重操作，例如，

```
>>>lst=[3,1,2,3,4,2]
>>>s6=set(lst)      #将列表转换为集合并去重
>>>print(list(s6)) #将集合转换为列表，实现对原列表去重，去重后的结果为[1, 2, 3, 4]
```

【例4.21】 集合去重排序，使用set()去重功能，实现例4.12。输入一行由逗号隔开的多个整数，实现按降序输出该行不重复的数据。

程序代码如下：

```
ls1=list(map(int,input().split(',')))
#将输入内容切分并映射成int型存入ls1列表中
ls2=list(set(ls1))                  #将ls1列表去重并存入ls1列表中
ls2.sort(reverse=True)              #对ls2降序排序
print(','.join(map(str,ls2)))
 #使用map()函数将ls2元素映射成int型,然后使用join()方法连接起来
```

程序运行结果如下：

输入：

2,3,4,33,2,2,3,4,22,1,33

输出：

33,22,4,3,2,1

2. 集合测试运算

（1）成员测试：in 或 not in

例如，

```
>>>s5=set("Python")
>>>print('n' in s5)          #True
>>>print('n' not in s5)      #False
```

（2）关系测试：>、>=、<、<=、==、!=

集合进行关系运算时，表示集合的包含与否关系，而不是元素之间的大小比较，例如，

```
>>>s1={3,6,8}
>>>s2={2,3,6,8}
>>>print(s1<s2,s1<=s2)        #True, True
>>>print(s1>s2,s1>=s2)        #False, False
>>>print(s1==s2,s1!=s2)       #False, True
```

3. 集合内置函数

集合是无序的，不能使用索引或切片等有序序列的操作，但可以使用len()、max()、min()、sum()等内置函数完成长度、最大值、最小值以及和的求解。

```
>>>s2={2,3,6,8}
>>>print(len(s2),max(s2),min(s2),sum(s2))     #输出为4 8 2 19
```

4. 集合运算

集合也可以实现类似数学的并集、交集、差集、对等差集（补集）等运算，集合运算与含义如表4-6所示。假设S1={3,6,7,8}，S2={2,3,6,8}，其并集、交集、差集、对等差集运算如图4-4所示。

表 4-6　常用集合运算

运　算	功能描述	结　果
S1 | S2	返回 S1 和 S2 的并集，即 S1 和 S2 中的所有元素的集合	{2,3,6,7,8}
S1&S2	返回 S1 和 S2 的交集，即同时在 S1 和 S2 中的元素的集合	{8, 3, 6}
S1-S2	返回 S1 和 S2 的差集，即在 S1 但不在 S2 中的元素的集合	{7}
S1^S2	返回 S1 和 S2 的补集，即不同时包含在 S1 和 S2 中的元素的集合	{2, 7}

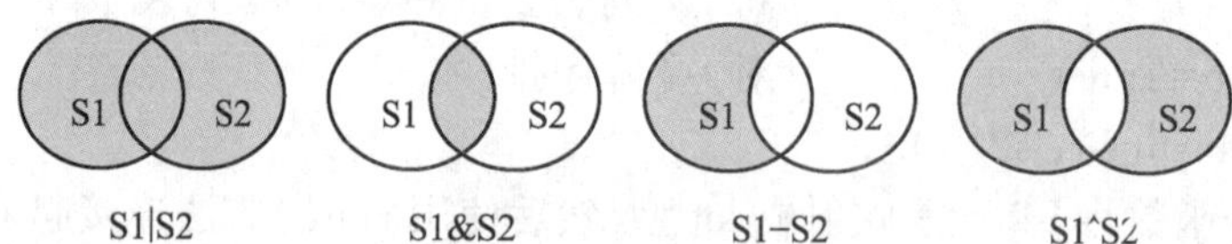

图 4-4　集合运算

【例 4.22】大学排行榜。每年第三方机构都会对国内大学进行排名，2023 年软科大学排名前 10 的高校是：清华大学、北京大学、浙江大学、上海交通大学、复旦大学、南京大学、中国科学技术大学、华中科技大学、武汉大学、西安交通大学，2023 年校友会大学排名前 10 的高校分别是：北京大学、清华大学、浙江大学、上海交通大学、华中科技大学、南京大学、复旦大学、武汉大学、中国科学技术大学、哈尔滨工业大学。采用集合运算分别显示：

- 上榜两大排名前 10 的所有高校
- 两大排名前 10 均上榜的高校
- 上榜软科但未上榜校友会排名的高校
- 仅上榜软科或仅上榜校友会排名的高校

分析：将两大排名上榜高校分别存入集合中，利用集合的并集、交集、差集和对等差集运算求得结果。

程序代码如下：

```
s1 = {'清华大学','北京大学','浙江大学','上海交通大学','复旦大学','南京大学',
      '中国科学技术大学','华中科技大学','武汉大学','西安交通大学'}
s2 = {'北京大学','清华大学','浙江大学','上海交通大学','华中科技大学','南京大学', '复旦
大学', '武汉大学','中国科学技术大学','哈尔滨工业大学'}
print(f'上榜两大排名的所有高校:{s1 | s2}')
print(f'均上榜两大排名前 10 的高校:{s1&s2}')
print(f'上榜软科但未上榜校友会的高校:{s1-s2}')
print(f'仅上榜软科或校友会的高校:{s1^s2}')
```

程序运行结果如下：

上榜两大排名的所有高校：

{'北京大学', '南京大学', '武汉大学', '西安交通大学', '上海交通大学', '哈尔滨工业大学', '中国科学技术大学', '浙江大学', '华中科技大学', '复旦大学', '清华大学'}

```
均上榜两大排名前 10 的高校：
{'中国科学技术大学', '浙江大学', '北京大学', '南京大学', '华中科技大学', '武汉大学',
'上海交通大学', '复旦大学', '清华大学'}
上榜软科但未上榜校友会的高校：{'西安交通大学'}
仅上榜软科或校友会的高校：{'西安交通大学', '哈尔滨工业大学'}
```

4.5.3　集合常用方法

集合是可变数据类型，可以通过系统内置方法实现集合元素的添加、删除等操作，集合常用方法如表 4-7 所示。

表 4-7　集合常用方法

方　　法	功能描述
s. add(x)	将元素 x 添加到集合 s 中
s1. update(s2)	将集合 s2 的元素添加到集合 s1 中
s. remove(x)	将元素 x 从集合 s 中删除，若 x 不存在则报错
s. discard(x)	将元素 x 从集合 s 中删除，若 x 不存在不报错
s. clear()	将集合 s 清空

使用表 4-7 中的方法对集合进行操作的示例如下：

```
>>>s={'w', 'o', 'h'}
>>>s. add('s')            #向集合 s 中添加元素
>>>print(s)               #输出{'w', 'o', 's', 'h'}
>>>s. update({'B','M'})   #将集合{'B','M'}添加到集合 s 中
>>>print(s)               #输出{'M', 's', 'o', 'h', 'B', 'w'}
>>>s. remove('h')         #删除集合 s 中的元素 h
>>>print(s)               #输出{'M', 's', 'o', 'B', 'w'}
>>>s. remove('a')         #删除集合中不存在的元素，系统报错
```

```
Traceback (most recent call last):
  File "<pyshell#96>", line 1, in <module>
    s. remove('a')
KeyError: 'a'
```

```
>>>s. discard('a')        #删除集合中不存在的元素，系统不报错
>>>s. clear()             #清空集合
>>>print(s)               #输出结果为 set()
```

4.5.4 集合举例

【例 4.23】 随机生成不重复字母组合。随机生成 10 组由 8 个不重复大写英文字母产生的组合。

分析：循环 10 次，每次先创建空集合用于存放 8 个不同的大写英文字母，使用随机函数 randint(65,90)产生 65~90 之间的随机整数，再使用 chr()函数将其转换为英文大写字母，然后将该字母添加到集合中（利用集合去重性，自动舍弃产生的重复字母），若集合长度小于 8 则重复上述操作，当集合长度等于 8 后，将集合元素连接起来并输出

程序代码如下：

```
from random import *                  #导入 random 库
for i in range(10):                   #循环 10 次用于产生 10 组字符串
    s=set()                           #创建空集合，存放大写英文字母
    while len(s)<8:                   #集合长度小于 8 循环继续
        c=chr(randint(65,90))         #产生随机数并将其转换为对应的英文大写字母
        s.add(c)                      #将不重复的字母 c 添加到集合 s 中
    s=''.join(s)                      #将集合元素连接成一个字符串
    print(f'{i}:{s}')                 #输出字母组合
```

程序运行结果如下：

```
0:KBECPAFT
1:KDBEFIRT
2:LUNOJWMR
3:VOJWAFRT
4:UNBJCMZT
5:XLNPARTH
6:VBNPJSYI
7:XLFYMRTH
8:VDPWFIRH
9:VGKUROFZ
```

第 5 章　函数与模块

函数就是一段封装好的，可重复使用，用来实现单一或相关联功能的代码段。它能提高程序应用的模块性和代码的重复利用率，它使程序更加模块化，不需要编写大量重复的代码。

电子教案

Python 提供了许多内置函数，如 print()，也可以由程序开发者根据项目需要自己创建函数，这种由开发者创建的函数叫作用户自定义函数。

5.1　函数的定义和调用

5.1.1　简单函数示例

Python 中函数的应用非常广泛，前面章节中已经接触过多个函数，如 input()、print()、range()、len()，等等，这些都是 Python 的内置函数，可以直接使用。除了可以直接使用的内置函数外，Python 还支持用户自定义函数，即将一段有规律的、可重复使用的代码定义成函数，从而达到一次编写，多次调用的目的。

举个例子，前面学习了 len() 函数，通过它可以直接获得一个字符串的长度。不妨设想一下，如果没有 len() 函数，要想获取一个字符串的长度，可以用例 5.1 所示的代码实现。

【例 5.1】 获取某字符串的长度。

程序代码如下：

```
n=0
for c in "1234567890":
    n = n + 1
print(n)
```

程序运行结果如下：

```
10
```

获取一个字符串长度是常用的功能，一个程序中就可能用到很多次，如果每次都写这样一段重复的代码，不但费时费力、容易出错，而且代码维护也不方便。所以 Python 提供了一个功能，即允许将常用的代码以固定的格式封装（包装）成一个独立的模块，只要知道这个模块的名字就可以重复使用它，这个模块就叫作函数（function）。Python 将实现特定功能的代码定义成一个函数，每次当程序需要实现该功能时，只要执行（调用）该函数即可。

如何自定义 my_len() 函数呢？如例 5.2 所示。

【例 5.2】自定义 my_len()函数。

程序代码如下：

```
def my_len(str):
    n = 0
    for c in str:
        n = n + 1
    return n
#调用自定义的 my_len() 函数
length = my_len("1234567890")
print(length)
```

程序运行结果如下：

```
10
```

通过分析 my_len()函数这个实例可以看出，函数的使用大致分为两步，首先是函数定义，然后是函数调用。

5.1.2 函数的定义

函数定义需要用 def 关键字实现，具体的语法格式如下：

```
def 函数名(参数列表):
    //函数体
    [return [返回值]]
```

其中，函数名要使用一个符合 Python 语法的标识符，函数名最好“见名知义”，能够体现出该函数的功能，如例 5.2 的 my_len，即表示自定义的长度函数；参数列表设置该函数可以接收多少个参数，参数之间用逗号“,”分隔；[return [返回值]]是可选参参数，用于设置该函数的返回值，用[]括起来，表示可选择，即可以使用，也可以省略，也就是说，一个函数，可以有返回值，也可以没有返回值，根据实际情况而定；return 语句的返回值可以是个表达式。

> 注意：
>
> 在创建函数时，即使函数没有参数，也必须保留一对空的“()”，否则 Python 解释器将提示“invaild syntax”错误。另外，如果想定义一个没有任何功能的空函数，可以使用 pass 语句作为占位符，例如，
>
> ```
> def pass_dis():
>     pass
> ```

虽然 Python 语言允许定义空函数，但空函数本身并没有实际意义。

Python 函数的定义规则为

① 函数代码块以 def 关键词开头，后接函数标识符名称和圆括号。

② 任何传入的参数和自变量必须放在圆括号中间，圆括号内可以用于定义参数。

③ 函数内容以冒号起始，并且带有缩进。

④ 带表达式的 return 语句（return[表达式]）用于结束函数，并选择性地返回一个值给调用方，不带表达式的 return 语句相当于返回 None。

⑤ 函数的第一行语句可以选择性地使用文档字符串——用于存放函数说明。

5.1.3 函数调用

函数调用也就是函数执行。如果把创建的函数理解为一个具有某种用途的工具，那么函数调用就相当于使用该工具。函数调用的基本语法格式如下：

[返回值] = 函数名([形参值])

其中，函数名指要调用的函数的名称；形参值指创建函数时要求传入的各个形参的值。如果该函数有返回值，可以通过一个变量来接收该值，当然也可以不接收。

创建函数有多少个形参，那么调用时就需要传入多少个值，且顺序必须和创建函数时一致。即便该函数没有参数，函数名后的圆括号也不能省略。

例如，可以通过下面的语句调用上面创建的空函数 pass_dis()：

```
pass_dis()
```

对于调用空函数来说，由于函数本身并不包含任何有价值的执行代码，也没有返回值，所以调用空函数不会有任何效果。

5.1.4 函数说明文档

通过调用 Python 的 help()内置函数或者__doc__属性，可以查看某个函数的使用说明文档。无论是 Python 提供的函数，还是用户自定义的函数，其说明文档都需要由设计该函数的程序员自己编写。

函数的说明文档本质上就是一段字符串，只不过其是作为说明文档，通常位于函数内所有代码的最前面。

以例 5.2 程序中的 my_len()函数为例，为其设置说明文档，如例 5.3 所示。

【例 5.3】 自定义 my_len()函数。

```
def my_len(str):
    '''
    字符串的长度
    '''
    n = 0
    for c in str:
        n = n + 1
    return n
help(my_len)
#print(my_len.__doc__)
```

程序运行结果如下：

```
Help on function my_len in module __main__:

my_len(str)
    字符串的长度
```

在例 5.3 中，还可以使用__doc__属性来获取函数 my_len()的说明文档，即使用最后一行被注释的输出语句 print(my_len__doc__)，其输出结果为：

字符串的长度

5.2 参数传递

5.2.1 形参和实参

函数参数的作用是传递数据给函数，令其对接收的数据做具体的操作处理。

在使用函数时，经常会用到形式参数（简称形参）和实际参数（简称实参），两者都叫参数，它们之间的区别是：

- 形式参数：在定义函数时，函数名后面括号中的参数就是形式参数。
- 实际参数：在调用函数时，函数名后面括号中的参数称为实际参数，也就是函数的调用者传递给函数的参数。

【例 5.4】 形参和实参示例。

程序代码如下：

```
#定义函数 my_print(), x 和 y 是形式参数
def my_print(x,y):
    print("-" * x)
    print(y)
    print("-" * x)
a=20
b="中国制造"
#调用已经定义的函数 my_print(),a,b 是实际参数
my_print(a,b)
```

程序运行结果如下：

```
--------------------
中国制造
--------------------
```

实参和形参就如同给剧本挑选角色，剧本中的角色相当于形参，而出演角色的演员就相当于实参。

5.2.2　值传递和引用传递

Python 中，根据实际参数的类型不同，函数参数的传递方式可分为两种，分别为值传递和引用（地址）传递。

- 值传递：适用于实参类型为不可变类型（字符串、数字、元组），函数参数进行值传递后，若形参的值发生改变，不会影响实参的值。
- 引用传递：适用于实参类型为可变类型（列表、字典），函数参数进行引用传递后，改变形参的值，实参的值也会一同改变。

【例 5.5】 定义一个名为 test() 的函数，用值传递方式分别传入一个字符串类型变量和一个数值类型变量。

程序代码如下：

```
#定义函数 test()
def test(x,y):
    print("-" * x)
    x=x+1
    y=y+"加油"
    print("函数中：",x,y)
    print("-" * x)
a=30
b="中国制造"
print("函数调用前：",a,b)
#调用函数 test()
test(a,b)
print("函数调用后：",a,b)
```

程序运行结果如下：

```
函数调用前: 30 中国制造
------------------------------
函数中: 31 中国制造加油
-------------------------------
函数调用后: 30 中国制造
```

从程序的运行结果可以看出，字符串类型变量和数值类型变量都是执行值传递，改变形式参数的值，实际参数并不会发生改变。在例 5.5 中，形式参数 x 的值增加 1 变成 31，形式参数 y 的值连接字符串“加油”，变成“中国制造加油”，但函数调用后，实际参数 a 的值依然是 30，b 的值依然是“中国制造”，并没有改变。

【例 5.6】 定义一个名为 test() 的函数，用引用传递方式分别传入一个字符串类型变量和一个数值类型变量。

程序代码如下：

```
#定义函数 test()
def test(x,y):
    print("-" * 80)
    x.append("明朝")
    print("函数中:",x)
    print("-" * 80)
    y["明朝"]="朱元璋"
    print("函数中:",y)
    print("-" * 80)
a=["汉朝","唐朝","宋朝"]
b={"汉朝":"刘邦","唐朝":"李渊","宋朝":"赵匡胤"}
print("-" * 80)
print("函数调用前: ",a)
print("-" * 80)
print("函数调用前: ",b)
print("-" * 80)
#调用函数 test()
test(a,b)
print("函数调用后: ",a)
print("-" * 80)
print("函数调用后: ",b)
print("-" * 80)
```

程序运行结果如下：

```
函数调用前:['汉','唐','宋']
函数调用前:{'汉':'刘邦','唐':'李渊','宋':'赵匡胤'}
函数中:['汉','唐','宋','明']
函数中:{'汉':'刘邦','唐':'李渊','宋':'赵匡胤','明':'朱元璋'}
函数调用后:['汉','唐','宋','明']
函数调用后:{'汉':'刘邦','唐':'李渊','宋':'赵匡胤','明':'朱元璋'}
```

从程序的运行结果可以看出，列表类型变量和字典类型变量都是执行引用传递，在进行引用传递时，改变形式参数的值，实际参数也会发生同样的改变。随着形式参数的变化，实际参数列表 a 的值由['汉','唐','宋']变成['汉','唐','宋','明']；类似地，随着形式参数的变化，实际参数列表 b 的值由{'汉':'刘邦','唐':'李渊','宋':'赵匡胤'}变成{'汉':'刘邦','唐':'李渊','宋':'赵匡胤','明':'朱元璋'}。

5.2.3　位置参数

位置参数有时也称必备参数，指的是必须按照正确的顺序将实际参数传到函数中，换句话说，调用函数时传入实际参数的数量和位置都必须和定义函数时形式参数的数量和位置保持一致。

1. 实参和形参数量必须一致

在调用函数，实际参数的数量和形式参数的数量必须一致，否则 Python 解释器会抛出 TypeError 异常，并提示缺少必要的位置参数。

当实际参数的数量少于形式参数的数量时 Python 会报错，例如，在例 5.6 中，如果函数调用语句为 test(a)，Python 就会报错“TypeError：test() missing 1 required positional argument：'y'”，抛出的异常类型为 TypeError，异常信息的含义是 test()函数缺少一个必要的 y 参数。

当实际参数的数量多于形式参数的数量时 Python 也会报错，例如，在例 5.6 中，如果函数调用语句为 test(a,b,a)，Python 也会报错“TypeError：test() takes 2 positional arguments but 3 were given”，抛出的异常类型也为 TypeError，异常信息的含义是 test()函数只需要两个参数，但是却传入了 3 个参数。

2. 实参和形参位置必须一致

在调用函数时，传入实际参数的位置必须和形式参数位置一一对应，否则可能会产生以下两种结果：

- 抛出 TypeError 异常。
- 产生的结果和预期不符。

（1）当实际参数类型和形式参数类型不一致，并且在函数中这两种类型之间不能正常转换，此时就会抛出 TypeError 异常，例如，有如下程序代码：

```
#定义函数 my_print()
def my_print(x,y):
    print("-" * x)
    print(y)
    print("-" * x)
a=20
b="中国制造"
```

当用如下语句调用函数 my_print()时，程序运行会抛出 TypeError 异常，并报错“TypeError：can't multiply sequence by non-int of type 'str'”。

```
my_print(a,b)
my_print(b,a)
```

（2）产生的结果和预期不符，调用函数时，如果指定的实际参数和形式参数的位置不一致，但它们的数据类型相同，那么程序将不会抛出异常，只不过会导致运行结果和预期不符。

例如，设计一个求梯形面积的函数，并利用此函数求上底为 4 cm，下底为 3 cm，高为 5 cm 的梯形的面积。但如果交换了高和下底参数的传入位置，将导致计算结果错误，例如，

```
def area(upper_base,lower_bottom,height):
    return (upper_base+lower_bottom) * height/2
print("正确结果为:",area(4,3,5))
print("错误结果为:",area(4,5,3))
```

```
程序运行结果如下:
正确结果为: 17.5
错误结果为: 13.5
```

因此，在调用函数时，一定要确定好位置，否则很有可能产生类似示例中的这类错误，这类错误非常不容易发现。

5.2.4 关键字参数

截至目前，前述函数所用的参数都是位置参数，即传入函数的实际参数必须与形式参数的数量和位置对应。使用位置参数时需要牢记参数位置，否则会带来错误。

实际上，Python 还提供了另一种参数形式，即关键字参数，关键字参数可以让函数的调用和参数传递更加灵活方便。

关键字参数是指使用形式参数的名称来确定输入的参数值。通过此方式指定函数实参时，不再需要与形参的位置完全一致，只要将参数名写正确即可。

因此，Python 函数的参数名应该具有更好的语义，即“见名知义”，这样程序可以立刻明确传入函数的每个参数的含义。

【例 5.7】 使用关键字参数的形式给函数传递参数。

程序代码如下：

```
def my_login(num,mail,name):
    print(name+"同学:")
    if("@") in mail:
        print(name,"邮箱",mail)
    else:
        print("邮箱输入错误!")
    if len(num)==11:
        print("学号:",mail)
    else:
        print("学号输入错误!")
a=input("请输入您的姓名:")
b=input("请输入您的邮箱:")
c=input("请输入您的学号:")
#调用函数
print("-" * 30)
my_login(c,b,a)                    #位置参数
```

```
print("-" * 30)
my_login(name=a,mail=b,num=c)           #关键字参数
print("-" * 30)
my_login(c,b,name=a)                    #关键字参数
print("-" * 30)
```

程序可能的运行结果如下：

```
请输入您的姓名：孙悟空
请输入您的邮箱：sunwukong@huaguoshan.cn
请输入您的学号：070070007
------------------------------
孙悟空同学：
邮箱 sunwukong@huaguoshan.cn
学号输入错误!
------------------------------
孙悟空同学：
邮箱 sunwukong@huaguoshan.cn
学号输入错误!
------------------------------
孙悟空同学：
邮箱 sunwukong@huaguoshan.cn
学号输入错误!
------------------------------
```

从例 5.7 可以得出结论，在调用有参函数时，既可以根据位置参数来调用，也可以使用关键字参数来调用，在使用关键字参数调用时，可以任意调换参数传参的位置；还可以使用位置参数和关键字参数混合传参的方式。但需要注意，混合传参时关键字参数必须位于所有的位置参数之后。

如果在例 5.7 中使用如下函数调用，就会发生错误，Python 会抛出异常“SyntaxError：positional argument follows keyword argument”。

```
my_login(num=c,b,name=a)        #关键字参数
```

5.2.5 默认参数

在调用函数时如果没有指定某个参数，Python 解释器会抛出异常。为了解决这个问题，Python 允许为参数设置默认值，即在定义函数时，直接给形式参数指定一个默认值。这样的话，即便函数调用时没有给拥有默认值的形参传递参数，该参数也可以直接使用定义函数时设置的默认值，而不会发生错误。

Python 中定义带有默认值参数的函数的语法格式如下：

```
def 函数名(...,形参名,形参名=默认值):
    代码块
```

> 注意：
> 在使用此格式定义函数时，指定有默认值的形式参数必须在所有没指定默认值参数的最后，否则会产生语法错误。

【例 5.8】定义一个有默认参数的函数，并调用它。

```
def my_login(name,age,sex="男"):
    if age<6:
        title="小朋友"
    elif age<18:
        title="同学"
    elif sex=="男":
        title="先生"
    else:
        title="女士"
    print("欢迎"+name+title+"莅临!")

a=input("请输入您的姓名:")
b=int(input("请输入您的年龄:"))
c=input("请输入您的性别:")
#调用函数
print("-" * 30)
my_login(a,b,c)          #给出全部参数，不使用默认参数
print("-" * 30)
my_login(a,b)            #默认参数
print("-" * 30)
```

程序可能的运行结果如下：

```
第 1 次运行：
请输入您的姓名:孙悟空
请输入您的年龄:500
请输入您的性别:男
------------------------------
欢迎孙悟空先生莅临!
------------------------------
欢迎孙悟空先生莅临!
------------------------------
第 2 次运行：
请输入您的姓名:白无常
请输入您的年龄:44
```

```
请输入您的性别:女
--------------------------------
欢迎白无常女士莅临!
--------------------------------
欢迎白无常先生莅临!
--------------------------------
```

上面程序中，my_login()函数有 3 个参数，其中第 3 个参数 sex 设有默认值“男”。这意味着，在调用 my_login()函数时，可以仅传入 2 个参数，此时这 2 个参数会传给 name 参数和 age 参数，而 sex 参数会使用默认值“男”，如例 5.8 程序中代码所示“my_login(a,b)”。在例 5.8 中，在调用函数 my_login()时，也可以给所有的参数传值如 my_login(a,b,c)，这时虽然 sex 有默认值，它也会优先使用传递给它的新值。

5.3　函数的返回值

截至目前，创建的函数都只是对传入的数据进行了处理，处理完后函数就终止了。在实际应用中，经常需要函数将处理的结果反馈回来，就好像在公司里，主管向某个员工下达命令，让其去打印文件，该员工打印好文件后并没有完成任务，还需要将打印好的文件交给主管。

Python 中，用 def 语句创建函数时，可以用 return 语句指定应该返回的值，该返回值可以是任意类型。需要注意的是，return 语句在同一函数中可以出现多次，但只要有一个被执行，就会直接结束函数的执行。

函数中，return 语句的语法格式如下：

return [返回值]

其中，“返回值”可以指定，也可以省略不写（将返回空值 None）。

【例 5.9】 编写一个带有返回值的函数并运行它。

```
def add(a,b):
    c = a + b
    return c
#数值型返回值赋值给变量
x = add(2,6)
print(x)
#数值型返回值作为其他函数的实际参数
print(add(3,5))
#字符串型返回值赋值给变量
x = add("中国","制造")
print(x)
#字符串型返回值作为其他函数的实际参数
print(add("中国","制造"))
```

```
程序运行结果如下：
8
8
中国制造
中国制造
```

如例5.9所示，add()函数既可以用来计算两个数的和，也可以连接两个字符串，它都会返回计算的结果。通过return语句指定返回值后，在调用函数时，既可以将该函数赋值给一个变量，用变量保存函数的返回值，也可以将函数再作为某个函数的实际参数。

【例5.10】 编写一个含有多个return语句的函数，并运行它。

```
def my_sign(x):
    if x > 0:
        return 1
    elif x==0:
        return 0
    else:
        return -1
print("-" *20)
print(my_sign(5))
print(my_sign(0))
print(my_sign(-5))
print("-" *20)
```

```
程序运行结果如下：
--------------------
1
0
-1
--------------------
```

从例5.10可以看出，函数中可以同时包含多个return语句，但最终真正执行的只有1个，且一旦执行，函数会立即停止运行。

5.4 匿名函数

对于定义一个简单的函数，Python还提供了另外一种方法——lambda()匿名函数。匿名函数有时也被称为lambda表达式，常用来表示内部仅包含1行表达式的函数。如果一个函数的函数体仅有1行表达式，则该函数就可以用lambda表达式来代替。lambda表达式的语法格式如下：

func_name = lambda [list]：表达式

其中，定义lambda表达式，必须使用lambda关键字；[list] 作为可选参数，等同于定义函数时指定的参数列表；func_name 为该表达式的名称。

该语法格式可以转换成普通函数的形式，如下所示：

```
def func_name(list):
    return 表达式
func_name(list)
```

使用普通方法定义此函数，需要3行代码，而使用匿名函数仅需1行，显而易见，对于单行函数，使用 lambda 表达式可以省去函数定义的过程，使代码更加简洁。另外，对于不需要多次复用的函数，使用 lambda 表达式可以在用完之后立即释放，节约内存，提高程序的运行效率。

举个例子，如果设计一个求两个数之和的函数，使用普通函数的方式，定义如下：

```
def add(x, y):
    return x+ y
print(add(3,5))
```

程序运行结果如下：

```
8
```

由于上面程序中，add()函数内部仅有1行表达式，因此该函数可以直接用 lambda 表达式表示，即：

```
add = lambda x,y:x+y
print(add(3,5))
```

程序运行结果如下：

```
8
```

简言之，匿名函数其实就是函数体仅是单行表达式的简单函数的精简实现。

5.5　变量的作用域

所谓作用域，就是变量的有效范围，就是变量可以在哪个范围内可以被访问。有些变量可以在整段代码的任意位置使用，有些变量只能在函数内部使用，有些变量只能在 for 循环内部使用。

变量的作用域由变量的定义位置决定，在不同位置定义的变量，它的作用域是不一样的。根据作用域的不同，Python 把变量分为两种，即局部变量和全局变量。

5.5.1　局部变量

在函数内部定义的变量，它的作用域也仅限于函数内部，在该函数的外部不能使用，这种变量称为局部变量。

当函数被执行时，Python 会为其分配一块临时的存储空间，所有在函数内部定义的变量，都会存储在这块空间中。而在函数执行完毕后，这块临时存储空间随即会被释放并回收，该空间中存储的变量自然也就无法再被使用。

在函数的外部访问函数内部的变量，会导致错误，如例5.11所示。

【例 5.11】 自定义一个函数，并在该函数外部调用函数内部的变量，观察运行结果。

```
def my_local(a,b):
    x=a+b
    print(x)
print("-" * 20)
my_local(1,2)
print(x)
print("-" * 20)
```

```
程序运行结果如下:
--------------------
3
Traceback (most recent call last):
  File "C:/Users/Administrator/Desktop/44.py", line 6, in <module>
    print(x)
NameError: name 'x' is not defined
```

从例 5.11 程序运行结果可以看到，当试图在函数 my_local( )外部访问其内部定义的变量 x 的时候，Python 解释器会报 NameError 错误，并提示没有定义要访问的变量，这也证实了当函数执行完毕后，其内部定义的变量会被释放并回收。

值得一提的是，函数的参数也属于局部变量，只能在函数内部使用，如例 5.12 所示。

【例 5.12】 自定义一个函数，并在函数外部访问函数内部的形式参数，观察运行结果。

```
def my_local(a,b):
    x=a+b
    print(x)
print("-" * 20)
my_local(1,2)
print(a,b)
print("-" * 20)
```

```
程序运行结果如下:
--------------------
3
Traceback (most recent call last):
  File "C:/Users/Administrator/Desktop/44.py", line 6, in <module>
    print(a,b)
NameError: name 'a' is not defined
```

由于 Python 解释器是逐行运行程序代码，由此例 5.12 所示的程序运行时仅提示“name 'a' is not defined”，也就是变量 a 没有定义，实际上在函数外部访问函数内部的形式参数 b 时也会报同样的错误。

5.5.2　全局变量

除了在函数内部定义变量，Python 还允许在所有函数的外部定义变量，这样的变量称为全局变量。不同于局部变量，全局变量的默认作用域是整个程序，即全局变量既可以在各个函数的外部使用，也可以在各函数的内部使用。

Python 程序有两种定义全局变量的方式，具体为：

- 在函数体外定义，在函数体外定义的变量都是全局变量。
- 在函数体内定义，使用 global 关键字对变量进行修饰。函数体内被 global 关键字修饰的变量也是全局变量，需要注意的是，在使用 global 关键字修饰变量名时，不能直接给变量赋初值，否则会引发语法错误。

【例 5.13】使用全局变量自定义一个函数，并观察其运行结果。

程序代码如下：

```
a =1
def test():
    global b
    b=2
    print("函数内访问：",a,b)
print("-" *20)
test()
print("-" *20)
print('函数外访问：',a,b)
print("-" *20)
```

程序运行结果如下：

```
--------------------
函数内访问：1 2
--------------------
函数外访问：1 2
--------------------
```

例 5.13 的运行结果表明，使用上述两种方式定义的全局变量都可以正常在函数外访问。

5.5.3　获取作用域范围的变量

在一些特定场景中，可能需要获取某个作用域内（全局范围内或者局部范围内）的所有变量，Python 提供了以下 3 种方式用以实现该操作。

1. globals()函数

globals()函数是 Python 的内置函数，它可以返回一个包含全局范围内所有变量的字典，字典的键值对中键为变量名，值为该变量的值，并且，通过该字典，可以访问指定变量，必要的时候还可以修改它的值。

globals()函数返回的字典中，会默认包含有很多 Python 主程序内置的变量。

【例 5.14】 globals()函数应用示例。

程序代码如下：

```
#全局变量
var1 = "全局变量 1"
var2 = "全局变量 2"
def test():
    #局部变量
    var3 = "局部变量 1"
    var4 = "局部变量 2"
print("-" * 75)
print(globals())
print("-" * 75)
print(globals()['var1'])
globals()['var1'] = "变变变"
print("-" * 10)
print(var1)
print("-" * 10)
```

程序运行结果如下：

```
---------------------------------------------------------------------------
{'__name__': '__main__', '__doc__': None, '__package__': None, '__loader__': <class '_frozen_importlib.BuiltinImporter'>, '__spec__': None, '__annotations__': {}, '__builtins__': <module 'builtins' (built-in)>, '__file__': 'C:/Users/Administrator/Desktop/44.py', 'argv': ['C:/Users/Administrator/Desktop/44.py'], 'var1': '全局变量 1', 'var2': '全局变量 2', 'text': <function text at 0x0000000003293EE8>}
---------------------------------------------------------------------------
全局变量 1
----------
变变变
----------
```

2. locals()函数

locals()函数也是 Python 内置函数，通过调用该函数，可以得到一个包含当前作用域内所有变量的字典。这里所谓的“当前作用域”指的是，在函数内部调用 locals()函数，会获得包含所有局部变量的字典；而在函数外部调用 locals()函数，其功能和 globals()函数相同。

【例 5.15】 locals()函数应用示例。

程序代码如下：

```
def test():
```

```
    #局部变量
    var3 = "局部变量 1"
    var4 = "局部变量 2"
    print("函数内部的 locals:")
    print(locals())
print("-" * 75)
print("函数外部的 locals:")
print(locals())
print("-" * 75)
test()
print("-" * 45)
```

程序运行结果如下：

```
---------------------------------------------------------------------------
函数外部的 locals:
{'__name__': '__main__', '__doc__': None, '__package__': None, '__loader__': <class '_frozen_importlib.BuiltinImporter'>, '__spec__': None, '__annotations__': {}, '__builtins__': <module 'builtins' (built-in)>, '__file__': 'C:/Users/Administrator/Desktop/44.py', 'argv': ['C:/Users/Administrator/Desktop/44.py'], 'test': <function test at 0x0000000002EB3EE8>}
---------------------------------------------------------------------------
函数内部的 locals:
{'var3': '局部变量 1', 'var4': '局部变量 2'}
---------------------------------------------
```

从例 5.15 也可以看出，当使用 locals() 函数获取所有全局变量时，和 globals() 函数一样，其返回的字典中会默认包含有很多变量，这些都是 Python 主程序内置的；当使用 locals() 函数获得所有局部变量组成的字典时，可以像 globals() 函数那样，通过指定键访问对应的变量值，但无法对变量值做修改。

【例 5.16】 locals() 函数应用示例。

程序代码如下：

```
def test():
    #局部变量
    var3 = "局部变量 1"
    var4 = "局部变量 2"
    print(locals())
    locals()['var3'] = "变变变"
    print(var3)
print("-" * 75)
test()
print("-" * 45)
```

```
程序运行结果如下：
-----------------------------------------------------------------
{'var3'：'局部变量 1'，'var4'：'局部变量 2'}
局部变量 1
-------------------------------------------
```

从例 5.16 可以看出，locals( )函数可以返回由局部变量组成的字典，也可以用来访问变量，但无法修改变量的值。

5.6 模块

5.6.1 模块概述

模块，英文为 module，简而言之，模块就是 Python 程序。换句话说，任何 Python 程序都可以作为模块，包括在前面章节中介绍的所有 Python 程序，都可以作为模块。

Python 提供了强大的模块支持，主要体现在，不仅 Python 标准库中包含了大量的模块（称为标准模块），还有大量的第三方模块，开发者自己也可以开发自定义模块。通过这些强大的模块可以极大地提高开发者的开发效率。

如果把模块比做一盒积木，通过它可以拼出多种主题的玩具，那么一个函数仅相当于一块积木，而一个模块（py 文件）中可以包含多个函数，也就是很多块积木，模块和函数的关系如图 5-1 所示。

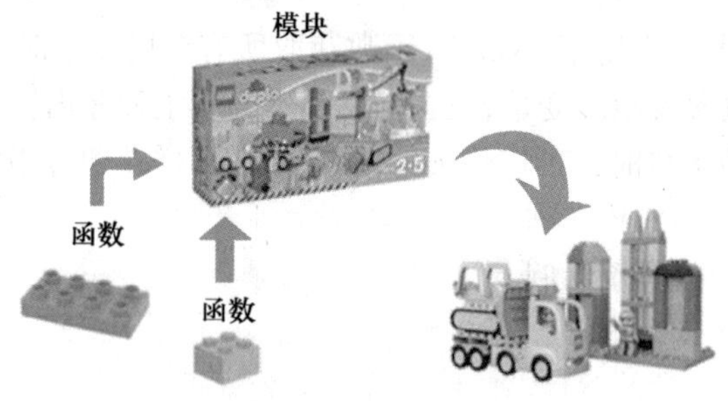

图 5-1　模块和函数的关系

随着程序功能越来越复杂，程序规模会不断变大，为了便于维护，通常会将其分为多个文件（模块），这样不仅可以提高代码的可维护性，还可以提高代码的可重用性。

代码的可重用性体现在，当编写好一个模块后，只要编程过程中需要用到该模块中的某个功能（由变量、函数、类实现），无须做重复性的编写工作，直接在程序中导入该模块即可使用该功能。

从封装的角度来讲，列表、元组、字符串、字典等是对数据的封装；函数是对 Python 代码的封装；类是对方法和属性的封装，也可以说是对函数和数据的封装。模块可以理解为是对

代码更高级的封装，即把能够实现某一特定功能的代码编写在同一个 py 文件中，并将其作为一个独立的模块，这样既可以方便其他程序或脚本导入并使用，同时还能有效避免函数名和变量名发生冲突。

举个简单的例子，在某一目录下（桌面也可以）创建一个名为 hello. py 文件，其包含的代码如下：

```
def say ( ):
    print( "Hello,World!" )
```

在同一目录下，再创建一个 say. py 文件，其包含的代码如下：

```
import hello   #通过 import 关键字，将 hello. py 模块引入此文件
hello. say( )
```

运行 say. py 文件，其输出结果为：

```
Hello,World!
```

say. py 文件中使用了原本在 hello. py 文件中才有的 say( )函数，相对于 day. py 来说，hello. py 就是一个自定义的模块，只需要将 hellp. py 模块导入到 say. py 文件中，就可以直接在 say. py 文件中使用模块中的资源。

与此同时，当调用模块中的 say( )函数时，使用的语法格式为“模块名 . 函数”，这是因为，相对于 say. py 文件，hello. py 文件中的代码自成一个命名空间，因此在调用其他模块中的函数时，需要明确指明函数的出处，否则 Python 解释器将会报错。

使用 Python 进行编程时，有些功能没必要自己实现，可以借助 Python 现有的标准库或者其他人提供的第三方库，例如，在前面章节中，使用了一些数学函数，例如，余弦函数 cos( )、绝对值函数 fabs( )等，它们位于 Python 标准库中的 math（或 cmath）模块中，只需将此模块导入到当前程序，就可以直接使用。

5. 6. 2 import 导入模块

Python 使用 import 导入模块，第 1 种导入模块方式的语法格式如下：

import 模块名 1[as 别名 1]，模块名 2[as 别名 2]，……

上述语法格式中的 import 语句会导入指定模块中的所有成员（包括变量、函数、类等）。不仅如此，当需要使用模块中的成员时，需用该模块名（或别名）作为前缀，否则 Python 解释器会报错。

1. 导入指定的整个模块

导入指定的整个模块的语法格式为：

import 模块名

例如，

```
#导入 sys 整个模块
import sys
#使用 sys 模块名作为前缀来访问模块中的成员
print( sys. argv[ 0] )
```

上述代码导入了 sys 整个模块，因此在程序中使用 sys 模块内的成员时，必须添加模块名作为前缀。

sys 模块下的 argv 变量用于获取运行 Python 程序的命令行参数，其中 argv[0]用于获取当前 Python 程序的存储路径，所以运行上面的程序，得到的输出结果为当前 Python 文件名及其存储路径，形如“C:/Users/Administrator/Desktop/test.py”的形式。

2. 导入模块并指定别名

导入整个模块时，也可以为模块指定别名，其语法格式为：

import 模块名 as 别名

例如，

```
#导入 sys 整个模块，并指定别名为 s
import sys as s
#使用 s 模块别名作为前缀来访问模块中的成员
print(s.argv[0])
```

上述代码中导入 sys 模块时为其指定了别名 s，因此在程序中使用 sys 模块内的成员时，必须添加模块别名 s 作为前缀，而不能再使用 sys 作为前缀了。

3. 导入多个模块

用户也可以一次性导入多个模块，多个模块之间用逗号隔开，例如，

```
#导入 sys 和 os 两个模块
import sys,os
#使用模块名作为前缀来访问模块中的成员
print(sys.argv[0])
#os 模块中的 sep 变量代表平台上的路径分隔符
print(os.sep)
```

上述代码一次性导入了 sys 和 os 两个模块，可以分别使用 sys 和 os 模块名作为前缀分别访问两个模块的成员。

在导入多个模块的同时，也可以为模块指定别名，例如，

```
#导入 sys 和 os 两个模块，并为 sys 指定别名为 m1，为 os 指定别名为 m2
import sys as m1,os as m2
#使用模块别名作为前缀来访问模块中的成员
print(m1.argv[0])
print(m2.sep)
```

上述代码一次性导入了 sys 和 os 两个模块，并分别为它们指定别名为 m1 和 m2，因此程序可以通过这两个前缀来使用 sys 和 os 两个模块中的成员。

5.6.3 from import 导入模块

Python 导入模块的第 2 种方式的语法格式为：

from 模块名 import 成员名 1[as 别名 1]，成员名 2[as 别名 2]，……

使用上述语法格式中的 import 语句，只会导入模块中指定的成员，而不是全部成员。同时，当在程序中使用该成员时，无须附加任何前缀，直接使用成员名（或别名）即可。

注意：

上述格式中用[ ]括起来的部分，可以使用，也可以省略。

其中，第 2 种 import 语句也可以导入指定模块中的所有成员，即使用 from 模块名 import *，但此方式不推荐使用。

1. 导入模块的指定成员

导入模块的指定成员的语法格式为：

from　模块名 import 成员名 as 别名

例如，

```
#导入 sys 模块中的 argv 成员
from sys import argv
#使用导入成员的语法，直接使用成员名访问
print(argv[0])
```

上述代码导入了 sys 模块中的 argv 成员，这样可在程序中直接使用 argv 成员，无须使用任何前缀。

2. 指定成员别名

在导入模块成员时，也可以为成员指定别名，例如，

```
#导入 sys 模块中的 argv 成员，并为其指定别名 mem1
from sys import argv as mem1
#使用导入成员（并指定别名）的语法，直接使用成员的别名访问
print(mcm1[0])
```

上述代码导入了 sys 模块中的 argv 成员，并为该成员指定别名 mem1，这样即可在程序中通过别名 mem1 使用 argv 成员，无须使用前缀。

3. 导入多个成员

使用语法 from…import 导入模块成员时，支持一次性导入多个成员，例如，

```
#导入 sys 模块中的 argv 和 winver 成员
from sys import argv, winver
#使用导入成员的语法，直接使用成员名访问
print(argv[0])
print(winver)
```

上述代码导入了 sys 模块中的 argv 和 winver 成员，这样即可在程序中直接使用 argv 和 winver 两个成员，无须使用前缀。

一次性导入多个模块成员时，也可为成员指定别名，同样使用 as 关键字为成员指定别名，例如，

```
#导入 sys 模块中的 argv 和 winver 成员，并为其指定别名 mem1 和 mem2
from sys import argv as mem1, winver as mem2
```

```
#使用导入成员（并指定别名）的语法，直接使用成员的别名访问
print(mem1[0])
print(mem2)
```

上述代码导入了 sys 模块中的 argv 和 winver 两个成员，并分别为它们指定了别名 mem1 和 mem2，这样即可在程序中通过 mem1 和 mem2 两个别名分别访问 argv 和 winver 成员，无须使用前缀。

5.6.4 有关 import * 的问题

在使用 from import 语法时，可以一次性导入指定模块内的所有成员，例如，

```
#导入 sys 模块中的所有成员
from sys import *
#使用导入成员的语法，直接使用成员的别名访问
print(argv[0])
print(winver)
```

上述代码一次性导入了 sys 模块中的所有成员，这样程序即可通过成员名来使用该模块内的所有成员，该程序的输出结果和前面程序的输出结果完全相同。

“from 模块 import * ”导入指定模块内的所有成员，存在潜在的风险。例如，同时导入 module1 和 module2 内的所有成员，假如这两个模块中都有一个 zixu( ) 函数，那么当在程序中执行代码 zixu( ) 时，可能会存在歧义，这是由 zixu( ) 引发的，因为 zixu( ) 可以是 module1 模块中的，也可以是 module2 模块中的。因此，这种导入指定模块内所有成员的用法是有风险的。

在面对上述情况时，一般使用如下两种导入方式：

```
import module1
import module2 as m2
```

接下来要分别调用这两个模块中的 zixu( ) 函数就非常清晰，可使用如下代码调用：

① 使用模块 module1 的模块名作为前缀调用 zixu( ) 函数：module1. zixu( )

② 使用 module2 的模块别名作为前缀调用 zixu( ) 函数：m2. zixu( )

③ 或者使用 from...import 语句调用 zixu( ) 函数也是可以的，具体如下：

```
#导入 module1 中的 zixu( ), 并指定其别名为 zixu1
from module1 import zixu as zixul
#导入 module2 中的 zixu( ), 并指定其别名为 zixu2
from module2 import zixu as zixu2
```

此时通过别名将 module1 和 module2 两个模块中的 zixu( ) 函数进行了很好的区分，接下来分别调用两个模块中的 zixu( ) 函数就很清晰了，具体为：

```
zixu1( )            #调用 module1 中的 zixu( ) 函数
zixu2( )            #调用 module2 中的 zixu( ) 函数
```

5.6.5 模块文件的路径

通常情况下，当使用 import 语句导入模块时，Python 解释器会按照以下顺序查找指定的模块文件。

- 在当前目录，即当前执行的程序文件所在目录下查找。
- 到 PYTHONPATH（环境变量）下的每个目录中查找。
- 到 Python 默认的安装目录下查找。

以上所有涉及的目录，都保存在标准模块 sys 的 sys. path 变量中，通过此变量可以查阅指定程序文件所支持查找的所有目录。

换句话说，自定义 Python 模板后，在其他文件中用 import（或 from…import）语句导入该文件时，如果所定义的模块没有存储在 sys. path 显示的目录中，那么导入该模块并运行程序时，Python 解释器就会抛出 ModuleNotFoundError（未找到模块）异常，错误信息形如“ModuleNotFoundError：No module named '模块名'”，该信息的含义是 Python 找不到指定的模块名。

【例 5.17】模块文件的路径示例。

程序代码如下：

```
#module1. py 自定义模块文件(D:\python_module\module1. py)
def my_print ():
    print("-" * 20)
    print("中国制造");
    print("-" * 20)
#main. py 程序文件(D:\Users\main. py)
import module1
module1. my_print()
```

由于模块文件 module1. py 和程序文件 main. py 不在同一文件夹中，此时运行 main. py 文件，其运行结果为：

```
Traceback (most recent call last):
  File "D:/Users/main. py", line 2, in <module>
    import module1
ModuleNotFoundError: No module named 'module1'
```

可以看到，Python 解释器抛出了 ModuleNotFoundError 异常。

解决“Python 找不到指定模块”的方法有 3 种，分别是：

① 临时添加模块完整路径。向 sys. path 中临时添加模块文件存储位置的完整路径。

② 将模块保存到指定位置。将模块放在 sys. path 变量中已包含的模块加载路径中。

③ 设置环境变量。设置 path 系统环境变量。

1. 临时添加模块完整路径

模块文件的存储位置可以临时添加到 sys. path 变量中，即向 sys. path 中添加 D:\python_module，即模块文件 module1. py 的完整路径，在程序文件 main. py 的开始位置添加如下代码：

```
import sys
sys.path.append('D:\\python_module')
```

注意：

完整路径中的'\'需要使用\进行转义，否则会导致语法错误。更新后程序文件和模块文件的代码如例5.18所示。

【**例5.18**】临时添加模块文件的完整路径示例。

程序代码如下：

```
#module1.py 自定义模块文件(D:\python_module\module1.py)
def my_print ():
    print("-" * 20)
    print("中国制造");
    print("-" * 20)
#main.py 程序文件(D:\Users\main.py)
import sys
sys.path.append('D:\\python_module')
import module1
module1.my_print()
print(sys.path)
```

程序运行结果如下：

```
--------------------
中国制造
--------------------
['D:/Users', 'C:\\Users\\Administrator\\AppData\\Local\\Programs\\Python\\Python37\\Lib\\idlelib', 'C:\\Users\\Administrator\\AppData\\Local\\Programs\\Python\\Python37\\python37.zip', 'C:\\Users\\Administrator\\AppData\\Local\\Programs\\Python\\Python37\\DLLs', 'C:\\Users\\Administrator\\AppData\\Local\\Programs\\Python\\Python37\\lib', 'C:\\Users\\Administrator\\AppData\\Local\\Programs\\Python\\Python37','C:\\Users\\Administrator\\AppData\\Local\\Programs\\Python\\Python37\\lib\\site-packages', 'D:\\python_module']
```

程序成功运行，从输出sys.path变量的值会发现，比以前多了“D:\\python_module”，此方法是临时添加存储路径。需要注意的是，通过该方法添加的目录只能在执行当前文件的窗口中有效，窗口关闭后即失效。

2. 将模块保存到指定位置

如果要安装某些通用性模块，例如，支持复数功能的模块、支持矩阵计算的模块、支持图形界面的模块等，这些都属于对Python本身进行扩展的模块，这种模块应该直接安装在Python内部，以便被所有程序共享，此时就可借助于Python默认的模块加载路径。

Python程序默认的模块加载路径保存在sys.path变量中，sys.path变量的内容如例5.17的程序运行结果所示，其中列出的所有路径都是Python默认的模块加载路径，但通常来说，默

认将 Python 的扩展模块添加在 lib\site-packages 路径下，它专门用于存放 Python 的扩展模块和包。

所以，可以直接将已编写好的 module1. py 文件添加到 lib\site-packages 路径下，就相当于为 Python 扩展了一个 module1 模块，这样任何 Python 程序都可使用该模块。

3. 设置环境变量

PYTHONPATH 环境变量（简称 path 变量）的值是很多路径组成的集合，Python 解释器会按照 path 包含的路径进行一次搜索，直到找到指定要加载的模块。当然，如果最终依旧没有找到，则 Python 就报 ModuleNotFoundError 异常。

下面以 Windows 平台为例，介绍如何设置 path 环境变量。

首先，找到桌面上的“计算机”（或者“我的电脑”）图标，在图标上右击鼠标，在弹出的快捷菜单中选择“属性”选项，此时会弹出“控制面板”窗口，单击该窗口左边栏中的“高级系统设置”菜单，弹出“系统属性”对话框，如图 5-2 所示。

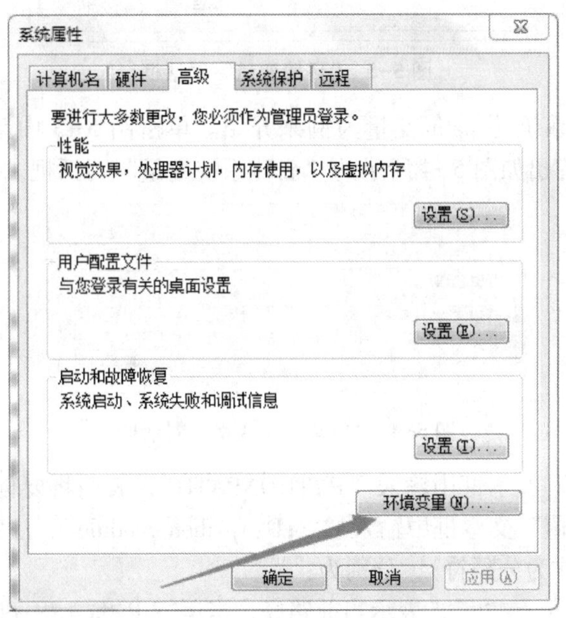

图 5-2 “系统属性”对话框

单击图 5-2 中箭头指向的“环境变量”按钮，此时将弹出如图 5-3 所示的“环境变量”对话框。

如图 5-3 所示，通过该对话框，就可以完成 path 环境变量的设置。需要注意的是，该对话框分为上下两部分，其中上面的“用户变量”部分用于设置当前用户的环境变量，下面的“系统变量”部分用于设置整个系统的环境变量。

如果设置用户的 path 变量，仅对当前登录系统的用户有效，如果修改系统的 path 变量，则对所有用户有效。多人共享一台计算机的情况下，建议设置用户的 path 变量。对于私人计算机用户来说，设置用户 path 变量和系统 path 变量的效果是相同的，但 Python 在使用 path 变量时，会先按照系统 path 变量的路径去查找，然后再按照用户 path 变量的路径去查找。

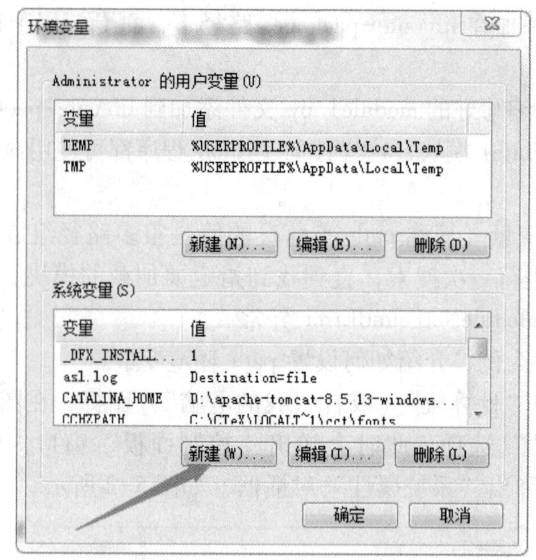

图 5-3 “环境变量”对话框

这里选择设置当前系统的 path 变量为例来介绍。单击图 5-3 中系统变量中箭头指向的“新建”按钮，系统会弹出如图 5-4 所示的“新建系统变量”对话框。

图 5-4 “新建系统变量”对话框

其中，在“变量名”文本框中输入“PYTHONPATH”，表明将要创建名为 PYTHONPATH 的环境变量；在“变量值”文本框中输入“.;D:\python_module”，注意，这里其实包含了两条路径（以分号“;”作为分隔符），分别为：

① 第 1 条路径为一个点“.”，表示当前路径，当运行 Python 程序时，Python 可以从当前路径加载模块。

② 第 2 条路径为“D:\python_module”，当运行 Python 程序时，Python 也可以从“D:\python_module”中加载模块。

设置完成后，单击“确定”按钮，即成功设置 path 环境变量。此时，只需要将模块文件移动到和引入该模块的文件相同的目录，或者移动到 D:\python_module 路径下，该模块就能被成功加载。

5.7 包和库

包是一个包含多个模块的文件夹，它的本质依然是模块，因此包中也可以包含包。例如，在安装了 numpy 模块之后可以在 Lib\site-packages 安装目录下找到名为 numpy 的文件夹，它就是安装的 numpy 模块，其实就是一个包。在 numpy 包中，有必须包含的__init__. py 文件，还有 matlib. py 等模块源文件以及 core 等子包。

相比模块和包，库是一个更大的概念，例如，在 Python 标准库中的每个库都有好多个包，而每个包中都有若干个模块。

5.7.1 Python 包的创建

包就是文件夹，更确切地说，是一个包含__init__. py 文件的文件夹。创建一个包，只需进行以下两步操作：

① 新建一个文件夹，文件夹的名称就是新建包的包名。

② 在该文件夹中，创建一个__init__. py 文件（前后各有两个下画线），该文件中可以不编写任何代码，也可以编写一些 Python 初始化代码，则当有其他程序文件导入包时，会自动执行该文件中的代码。

例如，创建一个非常简单的包，该包的名称为 my_package，过程如下：

第 1 步：创建一个文件夹，设置其名称为 my_package。

第 2 步：在该文件夹中添加一个__init__. py 文件，此文件中可以不编写任何代码，但是，这里在该文件中编写如下代码，分别是此包的说明信息和一条 print 输出语句。

```
'''
我的 Python 包
'''
print("我的 Python 包")
```

第 3 步：向包中添加模块（也可以添加包）。向 my_package 包中添加两个模块，分别是 module1. py、module2. py，这两个模块中包含的代码分别如下：

```
#module1. py 模块文件
def my_print():
    print("-" * 20)
    print("中国制造");
    print("-" * 20)
#module2. py 模块文件
def my_print():
    print("-" * 20)
    print("中国加油");
    print("-" * 20)
```

这样就创建好了一个包含两个模块的包 my_package。

5.7.2 Python 包的导入

包本质上还是模块，因此导入模块的语法同样也适用于导入包。无论导入自定义的包，还是导入第三方包，导入方法可归结为以下 3 种。

① import 包名[. 模块名[as 别名]]

② from 包名 import 模块名[as 别名]

③ from 包名 . 模块名 import 成员名[as 别名]

其中，用[ ]括起来的部分，是可选部分，既可以使用，也可以直接忽略。

1. import 包名[. 模块名[as 别名]]

以 5.7.1 创建好的 my_package 包为例，导入 module1 模块并使用该模块中的成员可以使用如下代码：

```
import my_package.module1
my_package.module1.my_print()
```

```
程序运行结果如下：
我的 Python 包
--------------------
中国制造
--------------------
```

从程序运行结果可以看出，当直接导入包时，程序会自动执行该包所对应文件夹下的__init__.py文件中的代码。通过此语法格式导入包中的指定模块后，在使用该模块中的成员（变量、函数、类）时，需添加“包名 . 模块名”为前缀。如果使用 as 给“包名 . 模块名”起一个别名的话，就可以直接使用别名作为前缀了，例如，

```
import my_package.module1 as m
m.my_print()
```

```
程序运行结果如下：
我的 Python 包
--------------------
中国制造
--------------------
```

我们知道，包的本质就是模块，导入模块时，当前程序中会包含一个和模块名同名且类型为 module 的变量，导入包也是如此，如果执行如下代码：

```
import my_package
print(my_package)
print(my_package.__doc__)
print(type(my_package))
```

```
程序运行结果如下：
我的 Python 包
<module 'my_package' from 'D:/Users\\my_package\\__init__.py'>
我的 Python 包
<class 'module'>
```

2. from 包名 import 模块名[as 别名]

以导入 my_package 包中的 module1 模块为例，使用此语法格式的实现代码如下：

```
from my_package import module1
module1. my_print()
```

```
程序运行结果如下：
我的 Python 包
---------------------
中国制造
---------------------
```

使用此语法格式导入包中模块后，在使用其成员时不需要带包名前缀，只需要加模块名前缀，也可以使用 as 为导入的指定模块定义别名，例如，

```
from my_package import module1 as m
```

同样，既然包也是模块，那么这种语法格式自然也支持“from 包名 import *”这种语法，它和“import 包名”的作用一样，都只是将该包的__init__. py 文件导入并执行。

3. from 包名 . 模块名 import 成员名[as 别名]

此语法格式用于向程序中导入“包 . 模块”中的指定成员（变量、函数或类）。通过该方式导入的变量（函数、类），在使用时可以直接使用变量名（函数名、类名）调用，例如，

```
from my_package. module1 import my_print
my_print()
```

```
程序运行结果如下：
我的 Python 包
---------------------
中国制造
---------------------
```

此格式也支持使用 as 为导入的成员起一个别名，例如，

```
from my_package. module1 import my_print as p
p()
```

该程序的运行结果和上面相同。

另外，使用该语法格式加载指定包的指定模块时，可以使用 * 代替成员名，表示加载该模块下的所有成员，例如，

```
from my_package. module1 import *
my_print()
```

```
程序运行结果如下：
我的 Python 包
---------------------
中国制造
---------------------
```

5.7.3 Python 3.x 常用标准库

作为当今人工智能和机器学习领域最流行的编程语言之一，Python 以其庞大的库和包而著称，即使没有软件工程背景的人也能使用 Python 编程。

Python 标准库所提供的组件涉及范围十分广泛，Python 程序员必须依靠它们来实现系统功能，例如，文件 I/O，此外还有大量用 Python 编写的模块提供了日常编程中许多问题的标准解决方案。

下面介绍部分常用的标准库。

1. 操作系统接口 os 库

os 库提供了许多与操作系统相关联的函数，例如，

```
import os
print(os.getcwd())                #返回当前的工作目录
os.chdir("D:\\Users\\f")          #修改当前的工作目录
print(os.getcwd())
```

程序运行结果如下：

```
D:\Users
D:\Users\f
```

表 5-1 给出了常用的 os 命令。

表 5-1　常用的 os 命令

名　　称	功　　能
os.rmdir()	删除指定目录
os.mkdir()	创建目录
os.path.isfile()	判断指定对象是否为文件
os.path.isdir()	判断指定对象是否为目录
os.path.exists()	检验指定的对象是否存在
os.path.split()	返回路径的目录和文件名
os.getcwd()	获得当前工作的目录
os.system()	执行 shell 命令
os.chdir()	改变目录到指定目录
os.path.getsize()	获得文件的大小，如果为目录，返回 0
os.path.abspath()	获得绝对路径
os.path.join(path,name)	连接目录和文件名
os.path.basename(path)	返回文件名
os.path.dirname(path)	返回文件路径

2. 文件通配符 glob 库

glob 库提供了一个函数用于从目录通配符搜索中生成文件列表，例如，如下代码用于以列表的形式，返回当前工作目录下的所有扩展名为 py 的文件。

```
>>>import glob
>>>glob.glob('*.py')
```

3. sys 模块

sys 模块主要针对 Python 解释器相关的变量和方法，常用命令有：

（1）sys.argv

功能：获取命令行参数，第 1 个参数是自己的程序名，常用来启动程序时给予某些参数。

（2）sys.path

功能：获取 Python 的环境变量，常用来添加想要搜索文件的路径。

返回值：包含环境变量的列表。

（3）sys.stdin.read()

功能：用来读取输入信息，实现人机交互。此函数不同于 input()遇到回车就返回读取到的数据，而是遇到 Ctrl+D 才返回读取到的数据。

返回值：用户输入的信息。

（4）sys.stdin.readline()

功能：标准读入一行，会读取到末尾的回车符号。

返回值：读取到的字符串。

（5）sys.stdout.write(s)

功能：向屏幕打印字符串。

参数：要打印的字符串。

返回值：返回打印的字符数。

（6）sys.version

功能：获取 Python 解释器的版本信息。

返回值：Python 解释器的版本信息。

（7）sys.getrecursionlimit()

功能：获取 Python 的最大递归深度（默认为 1 000）。

返回值：Python 的最大递归深度。

（8）sys.exit(n)

功能：退出程序，当 n==0 时为正常退出。

参数：退出类型，即 0~127 间的整数。

（9）sys.builtin_module_names

功能：获取 Python 解释器导入的模块。

返回值：一个包含模块名称的元组。

应用示例：通用工具脚本经常调用命令行参数，这些命令行参数以链表形式存储于 sys 库的 argv 变量中。例如，在命令行中执行“python demo.py one two three”后可以得到以下输出结果：

```
>>>import sys
>>>print(sys.argv)
['demo.py', 'one', 'two', 'three']
>>>sys.stderr.write('这是一条警告信息! \n')
这是一条警告信息!
10
```

4. 字符串正则匹配

Re 库为高级字符串处理提供了正则表达式工具。对于复杂的匹配和处理，正则表达式提供了简洁、优化的解决方案，例如，

```
>>>import re
>>>re.findall(r'\bb[a-z]*', 'book back abs')
['book', 'back']
```

如果只需要简单的功能，应该首先考虑字符串方法，因为它非常简单，易于阅读和调试，例如，

```
>>>'tea for too'.replace('too', 'two')
'tea for two'
```

5. math 数学库

math 库为浮点运算提供了对底层 C 函数库的访问，math 库是 Python 提供的内置数学类函数库，因为复数类型常用于科学计算，一般计算并不常用，因此 math 函数不支持复数类型，仅支持整数和浮点数运算。

math 库一共提供了 4 个数学常数，如表 5-2 所示。还提供了 44 个函数，分为 4 类，包括 16 个数值表示函数，如表 5-3 所示，8 个幂对数函数，如表 5-4 所示，16 个三角对数函数，如表 5-5 所示，4 个高等特殊函数，如表 5-6 所示。

应用举例：

```
>>>import math
>>>math.cos(math.pi / 4)
0.7071067811865476
>>>math.log(1024, 2)
10.0
```

表 5-2　math 库的数学常数

常　　数	数学表示	描　　述
math. pi	π	圆周率，值为 3. 141 592 656 589 793
math. e	e	自然对数，值为 2. 718 281 828 459 045
math. inf	∞	正无穷大，负无穷大为-math. inf
math. nan		非浮点数标记，NaN（not a number）

表 5-3　math 库的数值表示函数

函　　数	数 学 表 示	描　　述
math. fabs(x)	| x |	返回 x 的绝对值
math. fmod(x,y)	x&y	返回 x 与 y 的模
math. fsum([x,y,…])	x+y+…	浮点数精确求和
math. ceil(x)		向上取整，返回不小于 x 的最小整数
math. floor(x)		向下取整，返回不大于 x 的最大整数
math. factorial(x)	x!	返回 x 的阶乘，如果 x 是小数或负数，返回 ValueError
math. gcd(a,b)		返回 a 与 b 的最大公约数
math. frexp(x)	x=m * 2^e	返回(m,e)，当 x = 0，返回(0.0,0)
math. ldexp(x,i)	x * 2^i	返回 x * 2^i 的运算值，即 mathfrexp(x)的反运算
math. modf(x)		返回 x 的小数和整数部分
math. trunc(x)		返回 x 的整数部分
math. copysign(x,y)	|x| * |y|/y	用数值 y 的正负号代替 x 的正负号
math. isclose(a,b)		比较 a 和 b 的相似性，返回 True 或 False
math. isfinite(x)		当 x 不是无穷大或 NaN，返回 True；否则，返回 False
math. isinf(x)		当 x 为正负无穷大，返回 True；否则，返回 False
math. innan(x)		当 x 是 NaN，返回 Ture，否则返回 False

表 5-4　math 库的幂对数函数

函　　数	数 学 表 示	描　　述
math. pow(x,y)	x^y	返回 x 的 y 次幂
math. exp(x)	e^x	返回 e 的 x 次幂，e 是自然对数
math. expml(x)	e^x-1	返回 e 的 x 次幂减 1
math. sqrt(x)	x^1/2	返回 x 的平方根
math. log(x[,base])	logbasex	返回 x 的对数值，只输入 x 时，返回自然对数
math. loglp(x)	ln(x+1)	返回 1+x 的自然对数
math. log2(x)	log2x	返回 x 的 2 对数值
math. log10(x)	log10x	返回 x 的 10 对数值

表 5-5　math 库的三角函数

函　　数	数 学 表 示	描　　述
math. degrees(x)		角度 x 的弧度值转角度值
math. radians(x)		角度 x 的角度值转弧度值

续表

函　　数	数学表示	描　　述
math. hypot(x,y)		返回(x,y)坐标到原点(0,0)的距离
math. sin(x)	sin x	返回 x 的正弦值，x 为弧度值
math. cos(x)	cos x	返回 x 的余弦值，x 为弧度值
math. tan(x)	tan x	返回 x 的正切值，x 为弧度值
math. asin(x)	arcsin x	返回 x 的反正弦值，x 为弧度值
math. acos(x)	arccos x	返回 x 的反余弦值，x 为弧度值
math. atan(x)	arctan x	返回 x 的反正切值，x 为弧度值
math. atan2(y,x)	arctan y/x	返回 y/x 的反正切值，x 为弧度值
math. sinh(x)	sinh x	返回 x 的双曲正弦函数值
math. cosh(x)	cosh x	返回 x 的双曲余弦函数值
math. tanh(x)	tanh x	返回 x 的双曲正切函数值
math. asinh(x)	arcsinh x	返回 x 的双曲反正弦函数值
math. acosh(x)	arccosh x	返回 x 的双曲反余弦函数值
math. atanh(x)	arctanh x	返回 x 的双曲反正切函数值

表 5-6　math 库的高等特殊函数

函　　数	描　　述
math. erf(x)	高斯误差函数，应用于概率论，统计学等领域
math. erfc(x)	余补高斯误差函数，math. erfc(x) = 1 - math. erf(x)
math. gamma(x)	伽马函数，欧拉第二积分函数
math. lgamma(x)	伽马函数的自然对数

6. 随机数生成函数 random()

random()提供了生成随机数的工具，random()方法返回随机生成的一个在[0,1)范围内的实数。

(1) random()函数中的常见函数

```
random. randint(m,n)          #产生 m 到 n 的一个整型随机数
random. random()              #产生 0 到 1 之间的随机浮点数
random. uniform(x,y)          #产生 x 到 y 之间的随机浮点数，x 和 y 可以不是整数
random. choice(str)           #从 str 字符串序列中随机选取一个元素
random. randrange(m,n,i)      #生成从 m 到 n 的间隔为 i 的随机整数
random. shuffle(a)            #将序列 a 中的元素顺序打乱
```

（2）用 random( ) 函数生成随机数和随机字符串

```
#首先导入 random
import random
#生成随机整数
random. randint(1,50)
#随机选取 0 到 100 间的偶数
random. randrange(0, 101, 2)
#生成随机浮点数
random. random( )
random. uniform(1, 10)
#生成随机字符
random. choice('abcdefghijklmnopqrstuvwxyz! @#$%^&*( )')
#在多个字符中生成指定数量的随机字符
print random. sample('zyxwvutsrqponmlkjihgfedcba',5)
#从 a~z、A~Z、0~9 中生成指定数量的随机字符
ran_str = ''. join(random. sample(string. ascii_letters + string. digits, 8))
#随机选取字符串
random. choice(['剪刀', '石头', '布'])
#打乱排序
items = [1, 2, 3, 4, 5, 6, 7, 8, 9, 0]
random. shuffle(items)
```

7. 日期和时间函数 datetime( )

datetime( ) 为日期和时间处理同时提供了简单和复杂的方法，其在支持日期和时间算法的同时，把实现的重点放在更有效地处理和格式化输出上，例如，

```
>>>from datetime import date
>>>now = date. today( )
>>>now
datetime. date(2023, 3, 11)
```

第6章　文　件

电子教案

在前5章讲述的程序中，读取的数据和运行结果都是存储在内存中的，当程序运行结束或关闭后，内存中的这些数据就会随之消失。若希望将程序运行时所需要的原始数据或程序的运行结果长期保存、反复使用，就需要将这些数据以文件的形式存储在外存储器中。

6.1　文件概述

文件是存储在外存储器上的一组相关数据的集合，操作系统以文件为单位对数据进行管理，文件以文件名相互区分。

程序可以读取文件中的数据作为数据源，程序运行的中间数据或结果数据可以写入文件长期保存。Python 程序与计算机文件之间的交互为数据处理和数据共享提供了方便。

Python 对文件的操作有很多种，包括打开文件，读写文件，关闭文件以及创建、删除、修改文件等，其中，写入、读取是文件最常用的操作，作用于文件的内容，属于应用级操作；删除、修改操作作用于文件本身，属于系统级操作。

Python 提供了内置的文件对象，以及对文件、目录进行操作的内置模块，通过引入这些模块，可以获得大量实现文件操作可用的函数和方法，大大提高编写代码的效率。

6.1.1　文件路径

文件有两个关键属性，分别是文件名和路径。

文件名通常由主文件名和扩展名构成，主文件名是为文件设定的名称，扩展名用于表示文件的类型，主文件名和扩展名之间以一个圆点“.”隔开，例如，students. py 中 students 是主文件名，py 是扩展名。

路径是用来指明文件在计算机上的位置，路径中包含了存储文件的各级文件夹（也称为目录）。文件夹之间用斜线分隔，在 Windows 中使用反斜杠“\”作为路径分隔符，在 Mac OS 和 Linux 中使用正斜杠“/”分隔，例如，D:\python\ch6\ch6_1. py 是文件 ch6_1. py 的路径，其中，“D:\”代表根目录，“python”“ch6”是各级目录。每个运行在计算机上的程序，都有一个当前工作目录，ch6_1. py 的当前工作目录为 D:\python\ch6。

在操作系统中表示文件路径的方式有两种。

（1）绝对路径

绝对路径是从根目录开始的完整路径，例如，文件 ch6_1. py 的绝对路径为 D:\python\ch6\ch6_1. py。

（2）相对路径

相对路径是从当前工作目录开始的路径。若当前工作目录是 D:\python\ch6，目录下文件 ch6_1. py 的相对路径可表示为 ch6_1. py 或 .\ch6_1. py。

在使用相对路径描述某文件所在的位置时，经常使用“.\”表示当前所在目录，使用“..\”表示当前所在目录的父目录。在表示当前所在目录时，可以省略“.\”。

绝对路径比较脆弱，文件存储变动后易导致路径失效，维护成本高，建议优先使用相对路径。

6.1.2　文件的类型

在计算机系统中，具有各种类型的文件，如记事本文件、系统文件、图形文件、音频文件、视频文件，以及源程序文件、可执行程序文件等。不同类型的文件，其存储内容、处理方式各有不同。

按照操作文件时所采用的不同编码方式，可以将文件分为文本文件和二进制文件。

（1）文本文件

文本文件采用 ASCII、UTF-8、GBK 等编码，存储常规的中西文字符、数字、标点等符号，具有行结构，每一行的结束常用换行符“\n”表示。文本文件可以使用文本编辑软件显示、编辑，用户能够直接阅读和理读。常见的文本文件有文本文件（txt）、逗号分隔值文件（csv）、源程序文件（py）、日志文件（log）等。

（2）二进制文件

二进制文件以二进制的编码方式进行存储，无法使用文本编辑软件直接显示、编辑，通常也无法被用户直接阅读和理解，需要使用专门的软件进行解码后才能显示、读取、修改或执行。常见的二进制文件有图形图像文件（jpeg）、音视频文件（mpeg）、可执行文件（exe）等。

6.2　文件的打开与关闭

与在计算机中手工操作文件的过程一致，Python 中，对文件进行操作的常规流程一般是：首先打开文件并创建文件对象，然后通过该文件对象对文件内容进行读取、写入、删除、修改等操作，最后关闭并保存文件。

6.2.1　打开文件

Python 通过内置的 open()函数打开文件并创建文件对象，通过该文件对象对文件进行读写操作，函数的常用语法格式如下：

文件对象=open(file_name,mode='r',buffering=-1,encoding=None)

说明：

① file_name：表示要创建或打开文件的文件名称，包括路径和文件名，是一个字符串。由于 Windows 中的路径分隔符是“\”，因此需要对其进行转义，表示为“\\”，如 D:\\python

\\Students. txt，或者使用“r”使其不转义，指明为原始字符串，如 r"D:\python\Students. txt"。

② mode：表示可选参数，用于指定文件的打开模式，可选的打开模式如表 6-1 所示，默认以只读（r）模式打开文件。

表 6-1　mode 参数含义表

模　式	含　义
r	以读模式打开文件（默认）
w	以写模式打开文件，若该文件已存在，将清空原有内容；若该文件不存在，则创建新文件
x	创建写模式，若文件已存在，则打开失败
a	追加模式，若文件已存在，向文件末尾追加新数据；若该文件不存在，则创建新文件写入
b	二进制模式（可与其他模式组合使用）
t	文本模式（默认）
+	读写模式，在原功能基础上增加同时读写功能

③ buffering：可选参数，用于指定对文件做读写操作时，是否使用缓冲区。其为默认值-1 时，表示使用默认的缓冲区大小；其为 0 时，表示在打开指定文件时不使用缓冲区；其为大于 1 的整数值，该整数用于指定缓冲区的大小（单位是字节）。

④ encoding：指定文本文件所使用的编码格式，默认值为 None，表示使用当前操作系统默认的编码类型。Windows 一般默认为 GBK 编码，Mac OS 和 Linux 等一般默认为 UTF-8 编码。当文件为纯英文时，可以省略此参数。用户可以根据文件的实际编码格式设置参数值，例如，f = open('students. txt','r',encoding='utf-8')。

6. 2. 2　关闭文件

文件使用完毕之后，必须关闭文件对象，以确保在文件缓冲区中对文件数据的所有改变都写回到文件中，并且回收文件缓冲区，释放文件的读写权限，使其他程序可以操作该文件。

关闭文件需要用文件对象的 close()方法实现，语法形式如下：

文件对象 . close()

例如，语句 f. close()：表示关闭文件对象 f 所代表的文件。

6. 2. 3　with as 语句

操作文件时，经常会遇到两种情况：忘记关闭文件；虽然使用 close()关闭文件，但在打开文件或文件操作过程中抛出了异常，导致无法及时关闭文件。为了更好地避免此类问题，可以使用 with as 语句操作上下文管理器，自动分配并且释放资源。使用 with as 语句打开的文件对象，不需要调用 close()方法显式地关闭文件，只要离开 with as 语句的缩进代码范围，自动关闭文件对象，其基本语法格式为：

```
with open(filename, file_mode) as f:
    代码块
```

默认以只读方式打开文件，例如，

```
with open('data. txt','r') as f:
    f. write('hello world')
```

6.2.4 遍历文件

open()函数打开文本文件的返回值是一个可遍历的文件对象，文件对象内置了一个迭代器，通过循环的方式即可遍历文件中的每行数据。

【例 6.1】 当前目录下，有一个 UTF-8 编码的文本文件“人员信息 . txt”，文件内容如图 6-1 所示，编程读取文件内容。

实验素材：人员信息 . txt

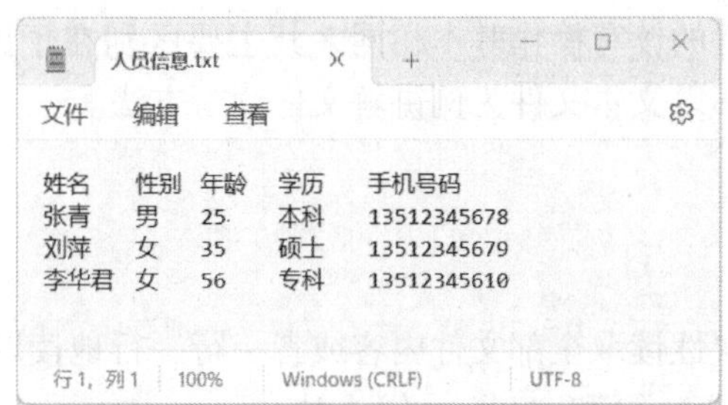

图 6-1 “人员信息 . txt”的文件内容

分析：操作文件之前首先要通过 open()函数打开文件，操作之后要及时关闭文件。由于文件对象内置了一个迭代器，因此，设计一个循环，每次循环获得文本文件中的一行数据，依次读取各行数据并显示在屏幕上，实现对文件的遍历。需要注意的是，文本文件的各行行末有一个换行符“\n”，为了避免输出不必要的空行，可以设置 print()函数的参数 end=""。

程序代码如下：

```
f = open('人员信息 . txt','r',encoding = 'utf-8')
for line in f:
    print(line,end = "")
f. close()
```

程序运行结果如下：

```
姓名    性别  年龄  学历    手机号码
张青     男    25   本科    13512345678
刘萍     女    35   硕士    13512345679
李华君   女    56   专科    13512345610
```

【例 6.2】 将例 6.1 中的文件对象以列表形式显示。

分析：文件对象是可迭代的，将文件对象提取到另一个可迭代的数据结构——列表中，每行数据将成为列表中的一个元素。

程序代码如下：

```
f = open('人员信息.txt', 'r', encoding = 'utf-8')
print(list(f))
f.close()
```

程序运行结果如下：

['姓名\t 性别\t 年龄\t 学历\t 手机号码\n','张青\t 男\t25\t 本科\t 13512345678\n','刘萍\t 女\t35\t 硕士\t 13512345679\n','李华君\t 女\t56\t 专科\t 13512345610\n']

6.3 文件的读写

对文件的读写操作是程序对文件操作的重要方式，程序可从文件获取数据，也可将中间数据和运行结果保存到文件，能够提高数据的使用效率。

文本文件与二进制文件的读写操作基本相同，其主要区别在于读写是否以字符方式进行。为了便于显示和理解，本书以文本文件为例讲解文件读写方法。

6.3.1 读文件

打开文件后，可以一次性读取全部文件内容或者一行一行地读取文件内容。读文件，常使用文件对象的 read()、readline()和 readlines()方法。

1. read()方法

read()方法的基本语法格式为：

变量=文件对象.read(size=-1)

功能：从文本文件的当前位置开始读取 size 个字符的数据，默认读取文件的全部内容，返回一个字符串。

【例 6.3】当前目录下有文件“苏东坡诗词.txt”，其内容如图 6-2 所示，使用 read()方法，分两次读取文件数据，第 1 次读取前 5 个字符，第 2 次读取剩余字符，并分别显示。

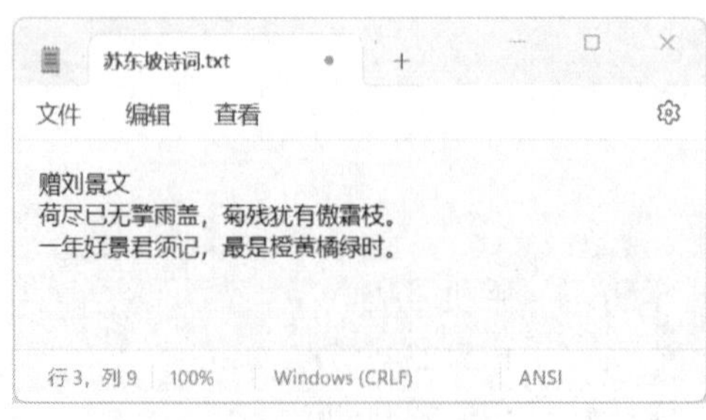

图 6-2 “苏东坡诗词.txt”文件内容

分析：对于文本文件，read()方法会从当前位置开始逐个读取字符。打开文件后，第 1 次读取时，从文件对象的首位置开始读取，第 5 个字符为换行符“\n”也会被读取并识别。第 2 次读取是从第 6 个字符开始的全部剩余字符。

程序代码如下：

```
f = open('苏东坡诗词.txt','r',encoding = 'utf-8')
txt = f.read(5)          #读取前 5 个字符
print(txt)               #输出前 5 个字符
txt = f.read()           #读取剩余字符
print(txt)               #输出剩余字符
f.close()
```

程序运行结果如下：

赠刘景文

荷尽已无擎雨盖，菊残犹有傲霜枝。

一年好景君须记，最是橙黄橘绿时。

2. readline()方法

readline()方法的基本语法格式为：

变量=文件对象.readline(size=-1)

功能：从文本文件中读取当前行数据，包括换行符，返回值是一字符串。如果当前处于文件末尾，则返回空值。如果指定 size 值，那么在当前行最多读取 size 个字符，若本行剩余字符个数不足 size，则读取到本行结束。

【例 6.4】 使用 readline()方法，读取当前目录下文件“苏东坡诗词.txt”的内容并显示。

分析：对于文本文件，readline()方法的常规用法是读取当前行数据，包括换行符“\n”。可以设计循环，逐行读取数据，直到文件末尾，实现文本文件的遍历。由于 readline()方法能够读取换行符“\n”，为了避免各行间出现不必要的空行，可以设置 print()的参数 end="",以消除输出后的换行。

程序代码如下：

```
f = open('苏东坡诗词.txt','r',encoding = 'utf-8')
while True:
    line = f.readline()
    if line == "":
        break
    print(line,end = "")
f.close()
```

程序运行结果如下：

赠刘景文

荷尽已无擎雨盖，菊残犹有傲霜枝。

一年好景君须记，最是橙黄橘绿时。

3. readlines()方法

readlines()方法的基本语法格式为：

变量=文件对象.readlines(hint=-1)

功能：默认从文件中读入所有行，形成一个列表作为返回值，列表中的元素是每行数据所构成的字符串。如果当前处于文件末尾，则返回空列表。如果给定 hint 参数，则读取 hint 个字符所在的行及之前的各行数据。

【例 6.5】使用 readlines()方法，读取当前目录下文件“苏东坡诗词.txt”的内容并显示。

分析：与 read()方法无参数时类似，readlines()方法用于读取文件中的所有行，返回值是一个列表，而 read()方法的返回值是一个字符串。

程序代码如下：

```
f = open('苏东坡诗词.txt','r',encoding = 'utf-8')
lines = f.readlines()
print(lines)
f.close()
```

程序运行结果如下：

['赠刘景文\n', '荷尽已无擎雨盖,菊残犹有傲霜枝。\n', '一年好景君须记,最是橙黄橘绿时。']

本例可以通过遍历列表的方式遍历文本文件的各行，所以可以将程序代码改写为：

```
f = open('苏东坡诗词.txt','r',encoding = 'utf-8')
lines = f.readlines()
for line in lines:
    print(line,end = "")
f.close()
```

程序运行结果如下：

赠刘景文
荷尽已无擎雨盖，菊残犹有傲霜枝。
一年好景君须记，最是橙黄橘绿时。

4. seek()方法

使用 open()函数打开文件并读取文件中的内容时，总是会从文件的第一个字符开始读起。这是因为有一个用于文件读写时标明读写起始位置的文件指针，当从文件中读取一个字符（字节）后，文件指针自动向后移动指向下一个字符（字节），再次读取文件内容时将从指针的新位置开始。例 6.3 中，第 1 次读取数据时，从文件对象的首位置开始顺序读取 5 个字符，第 2 次读取时便从第 6 个字符开始，文件指针不断向后移动，直到文件末尾。

除了顺序读取的方式以外，Python 还提供 seek()方法控制文件指针的位置，以实现随机读取，其基本语法格式为：

seek(offset,whence)

功能：移动文件指针到指定的位置。whence 为可选参数，用于指定文件指针的位置，0 代表文件头（默认值）、1 代表当前位置、2 代表文件尾。offset 表示相对于 whence 的偏移量，正数表示向后偏移，负数表示向前偏移，例如，seek(3)表示文件指针移动至距离文件开始处 3 个字符的位置。

【例 6.6】交换例 6.3 中的两次读取操作的顺序，即先读取全部字符，再读取前 5 个字符。

分析：在例 6.3 的代码基础上，改变 read( )方法的参数，调整读取顺序，验证以下代码是否正确。

```
f = open('苏东坡诗词.txt','r',encoding = 'utf-8')
txt = f.read()                       #读取全部字符
print('全部字符:',txt)                #输出全部字符
txt = f.read(5)                      #读取前 5 个字符
print('前 5 个字符:',txt)             #输出前 5 个字符
f.close()
```

程序运行结果如下：
全部字符：赠刘景文
荷尽已无擎雨盖，菊残犹有傲霜枝。
一年好景君须记，最是橙黄橘绿时。
前 5 个字符：

从运行结果可见，第 2 次读取时，没有读取到前 5 个字符，运行结果不符合要求。其原因为：文件指针的位置在读取过程中不断向前移动，读取全部字符之后，文件指针指向文件末尾，为空。此时，需要通过 seek( )方法将指针重新指向文件首位置，才能从当前位置继续读取数据，因此，添加 f.seek(0)，将原程序代码修改为：

```
f = open('苏东坡诗词.txt','r',encoding = 'utf-8')
txt = f.read()                       #读取全部字符
print('全部字符:',txt)                #输出全部字符
f.seek(0)                            #将文件指针移动到文件开头
txt = f.read(5)                      #读取前 5 个字符
print('前 5 个字符:',txt)             #输出前 5 个字符
f.close()
```

程序运行结果如下：
全部字符：赠刘景文
荷尽已无擎雨盖，菊残犹有傲霜枝。
一年好景君须记，最是橙黄橘绿时。
前 5 个字符：赠刘景文

由于读取到第 5 个字符为换行符“\n”，同时，print( )函数默认输出后换行，因此输出结果的最后有一个空行。

seek( )方法同样适用于写文件。

6.3.2 写文件

对文本文件的写操作，一般是将程序处理结果以字符串或字符串列表的形式保存到文件。写文件常用的两种方法：write( )、writelines( )。

1. write()方法

write()方法的基本语法格式为：

文件对象.write(s)

功能：向文件中写入一个字符串 s。

用 open()函数以 r+、w、w+、a 或 a+的模式打开文件之后，就可以向文件写入数据了。write()方法不在字符串的结尾添加换行符“\n”，需要在代码中使用“\n”对写入文本进行分行。

【例 6.7】向当前目录下的文件“苏东坡诗词.txt”中写入字符串“苏东坡诗词”。

分析：按照打开、写入、关闭的操作过程，使用 write()方法向文件中写入一个字符串。

程序代码如下：

```
f = open('苏东坡诗词.txt','w')
f.write('苏东坡诗词')
f.close()
```

程序运行结果如图 6-3 所示。

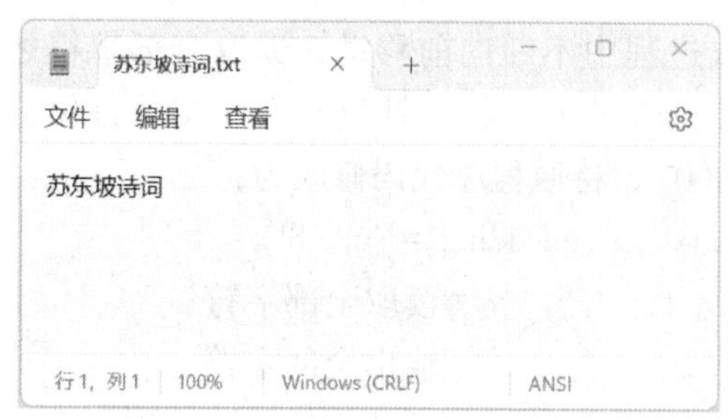

图 6-3　用 write()方法写文件

2. writelines()方法

writelines()方法的基本语法格式为：

文件对象.writelines(lines)

功能：将一个各元素为字符串的列表 lines 写入文件。

用 writelines()方法向文件中写入多行数据时，不会自动给各行添加换行符。若各数据项之间需要分隔符，则应在列表元素的末尾添加分隔符。

【例 6.8】向当前目录下的文件“苏东坡诗词.txt”中追加新诗词。

分析：将新诗词的各行字符作为元素存放于一个列表中，用 open()函数以“a”模式打开文件“苏东坡诗词.txt”，使用 writelines()方法将列表一次性写入文件。也可以使用 write()方法，在循环中将各行字符串依次写入文件。由于换行符“\n”不会自动写入文件，因此在程序代码中需要显式使用换行符。

程序代码如下：

```
lines = ["惠州一绝\n","罗浮山下四时春,\n","卢橘杨梅次第新。\n","日啖荔枝三百颗,\n","不辞长作岭南人。\n"]
f = open("苏东坡诗词.txt","a")
```

```
f. write( "\n" )                #写入换行符，使新内容从原内容的下一行开始写入
f. writelines( lines)
f. close( )
```

程序运行结果如图 6-4 所示。

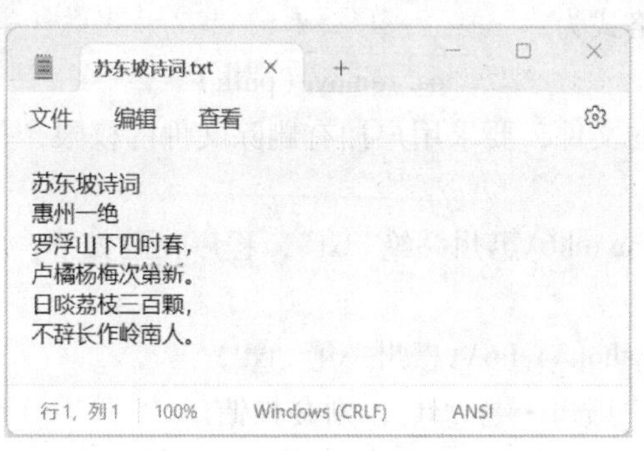

图 6-4　用 writelines( ) 方法写文件

案例拓展：将各行字符串写入文件

请读者尝试使用 write( ) 方法，在循环中将各行字符串依次写入文件。

6.4　文件和文件夹的操作

在操作文件的过程中，除了读取、写入等应用级操作外，还需要对文件、文件夹进行重命名、移动、复制、新建、删除等系统级操作。

Python 提供了两个重要的内置模块：os 模块和 shutil 模块，实现系统级操作。

6.4.1　os 模块常用操作

os 是“operating system”的缩写，os 模块是一个与操作系统相关的模块，提供了非常丰富的方法用来处理文件和目录。

在应用 os 模块之前需要导入，导入模块的语句为：import os。

1. 重命名文件/目录

重命名文件/目录的基本语法格式为：

os. rename(oldname, newname)

功能：重命名文件或目录（文件夹）。

例如，当前目录下，重命名“苏东坡诗词 . txt”为“惠州一绝 . txt”，程序代码为：

```
>>>import os
>>>os. rename('苏东坡诗词 . txt','惠州一绝 . txt')
```

再例如，重命名目录“D:\python\新建文件夹”为“D:\python\ch6”，程序代码为：

```
>>>import os
>>>os. rename('D:\\python\\新建文件夹','D:\\python\\ch6')
```

此外，通过重命名改变文件路径，还可以起到移动文件的作用，但是目录不可以这么操

作，例如，

```
>>>import os
>>>os.rename('惠州一绝.txt','D:\\python\\ch6\\惠州一绝.txt')
```

2. 删除文件

删除文件的基本语法格式为：

os.remove(path)

功能：用于删除指定的文件，要求用户拥有删除文件的权限，并且文件没有只读或其他特殊属性。

例如，删除“D:\python\ch6\惠州一绝.txt”，程序代码如下：

```
>>>import os
>>>os.remove('D:\\python\\ch6\\惠州一绝.txt')
```

如果路径下没有文件“惠州一绝.txt”，则会报错。

3. 获取当前目录

获取当前目录的基本语法格式为：

os.getcwd()

功能：返回当前程序工作目录的绝对路径。

例如，获取当前程序所在目录的程序代码为：

```
>>>import os
>>>os.getcwd()
'D:\\python'
```

4. 创建文件夹（目录）

使用 os 模块中的 mkdir()、makedirs()方法可以创建文件夹。

mkdir()方法的基本语法格式为：

os.mkdir(dirname)

功能：在当前目录下创建名为 dirname 的文件夹。

例如，创建一个名为“新建文件夹”的文件夹，程序代码为：

```
>>>import os
>>>os.mkdir('新建文件夹')
```

如果路径下已有同名文件夹，则会报错。

mkdir()方法只能创建一个文件夹，可以通过多次逐级创建的方法创建多级文件夹，也可以使用 makedirs()方法，一次性创建多级文件夹，makedirs()方法的基本语法格式为：

os.makedirs(dirname)

功能：创建多级文件夹。

例如，创建多级文件夹 D:\music\mp3，程序代码为：

```
>>>import os
>>>os.makedirs('D:\\music\\mp3')
```

5. 删除文件夹（目录）

使用 os 模块中的 rmdir()、removedirs()方法可以删除文件夹。

rmdir( )方法的基本语法格式:

os. rmdir(dirname)

功能: 删除一个已存在的空文件夹。

例如, 删除当前目录下的空文件夹“新建文件夹”, 程序代码为:

```
>>>import os
>>>os. rmdir('新建文件夹')
```

如果需删除的文件夹非空或无此文件夹, 则会报错。

removedirs( )方法可以删除多级文件夹。当成功删除子文件夹后, 当前文件夹成为空文件夹, 则当前文件夹也被删除, removedirs( )会尝试依次删除路径中的每个父目录。removedirs( )方法的基本语法格式为:

os. removedirs(dirname)

功能: 删除多级文件夹。

例如, 删除刚才新建的文件夹 music, 程序代码为:

```
>>>import os
>>>os. removedirs('D:\\music\\mp3')
```

6. 判断文件/文件夹是否存在

对文件和文件夹的操作往往基于一定的前提条件, 例如, 若文件/文件夹不存在, 则无法删除; 若文件/文件夹已存在, 则无法重复创建。为了避免这种错误, 可以在操作文件之前先使用 exists( )方法检测文件是否存在。exists( )是 os. path 模块的常用方法, 由于 os. path 模块在 os 模块内, 所以导入 os 模块后不必再重复导入 os. path 模块。os. path 的基本语法格式为:

os. path. exists(path)

功能: 检验文件或文件夹是否存在, 如果存在, 则返回 True, 否则返回 False。

【例 6.9】 删除文件“D:\python\ch6\用户信息 . txt”。

分析: 删除文件之前使用 exists( )方法检测文件是否存在, 如果存在才删除文件。由于当前目录为“D:\python”, 故使用相对路径“ch6\用户信息 . txt”表示文件路径即可。

程序代码如下:

```
import os
path = "ch6\\用户信息 . txt"
if os. path. exists( path):
    os. remove( path)
    print( "文件删除成功!")
else:
    print( "该文件不存在!")
```

程序运行结果如下:

文件删除成功!

若再次运行程序, 则显示:

该文件不存在!

6.4.2 shutil 模块常用操作

shutil 是 Python 标准库中的高级文件操作模块，是对 os 模块的补充，主要针对文件的复制、删除、移动、压缩和解压缩操作。

在应用 shutil 模块之前需要导入，导入语句为：import shutil。

1. 复制文件/文件夹

shutil 模块常用 copy()方法复制文件，其基本语法格式为：

shutil. copy(source, destination)

功能：将源文件复制到指定的目标位置。

例如，复制当前工作目录下的“人员信息.txt”到“D:\python\ch6”；复制当前工作目录下的“人员信息.txt”到“D:\”，并将其重命名为“人员信息备份.txt”。程序代码如下：

```
>>>import shutil
>>>shutil.copy('人员信息.txt','D:\\python\\ch6')
'D:\\python\\ch6\\人员信息.txt'
>>>shutil.copy('人员信息.txt','D:\\人员信息备份.txt')
'D:\\人员信息备份.txt'
```

shutil 模块使用 copytree()方法复制文件夹，其基本语法格式为：

shutil. copytree(source, destination)

功能：用于复制文件夹，其中的子文件夹和文档也被一同复制。

例如，在当前目录下，复制文件夹“ch6”为“ch6new”程序代码如下：

```
>>>import shutil
>>>shutil.copytree('ch6','ch6new')
'ch6new'
```

2. 移动文件/文件夹

shutil 模块使用 move()方法移动文件或文件夹，其基本语法格式为：

shutil. move(source, destination)

功能：将源文件或文件夹移动到指定的目标位置。

例如，移动文件“D:\Fibonacci.txt”至“D:\python\ch6”；移动文件夹“D:\python\ch6”至“D:\”，并将其重命名为“python 学习”。程序代码为：

```
>>>import shutil
>>>shutil.move('D:\\Fibonacci.txt','D:\\python\\ch6')
'D:\\python\\ch6\\Fibonacci.txt'
>>>shutil.move('D:\\python\\ch6','D:\\python 学习')
'D:\\python 学习'
```

shutil 模块的 move()方法与 os 模块的 rename()方法都可以移动文件，但是移动文件夹只能使用 shutil 模块的 move( ) 方法。

3. 删除文件夹

os 模块的 rmdir( ) 方法可以删除一个空文件夹，shutil 模块的 rmtree( ) 可以删除非空文件夹，其基本语法格式为：

shutil. rmtree(path)

功能：删除文件夹及其包含的所有内容。

例如，删除非空文件夹“D:\python 学习”。程序代码为：

```
>>>import shutil
>>>shutil. rmtree('D:\\python 学习')
```

6.5 文件应用

通过 Python 程序可以实现对文件、文件夹的自动化操作，提高了数据的准确性，提升了工作效率。

6.5.1 CSV 文件简介

逗号分隔值（comma separated values，CSV）是一种纯文本文件，用于存储表格数据。CSV 文件由任意数目的记录组成，记录间以某种换行符分隔；每条记录由字段组成，字段间的分隔符一般是逗号或其他字符。

CSV 文件结构、功能简单，是电子表格和数据库中最常见的输入输出文件格式，广泛应用于程序之间传递表格数据，其具有以下 6 个方面的显著特征：

① CSV 文件是纯文本文件，扩展名是 csv。

② 由行和列组成的二维数据。

③ 每条记录都有同样的字段序列，没有空行。

④ 数据之间通常用逗号或其他字符作为分隔符。

⑤ 没有字体、大小或颜色设置。

⑥ 数据中不能包含双引号。

6.5.2 读写 CSV 文件

由于 CSV 文件是纯文本文件，所以对文本文件的操作方法同样适用于 CSV 文件。另外，Python 自带的 csv 模块实现了 CSV 格式表单数据的读写，能够更加方便地操作 CSV 文件。

csv 模块中提供 reader 类和 writer 类用于读写序列化的数据，提供 DictReader 类和 DictWriter 类用于读写字典形式的数据。

csv 模块在使用之前需要导入，导入语句为 import csv。

1. reader 对象

通过 csv 模块读取 CSV 文件时，首先使用 open( ) 函数打开文件，然后，将返回的文件对象传递给 csv. reader( )函数，csv. reader( )函数将返回一个 reader 对象，该对象能够逐行遍历文件对象。可以使用 list( )函数将 reader 对象转换成一个列表，以便后续访问 reader 对象的值。

【例 6.10】 在当前工作目录下，有文件“入学成绩 . csv”，文件结构和内容如图 6-5 和图 6-6 所示，请读取文件内容，然后整体显示、逐行显示。

	A	B	C	D	E
1	学号	姓名	性别	语文	数学
2	2301010	丁俊贤	男	96	93
3	2301011	郑鑫	男	78	87
4	2301012	王露露	女	93	76
5	2301013	邢云山	男	79	90
6	2301014	邱攀	男	96	91

图 6-5　文件“入学成绩 . csv”的表格形式

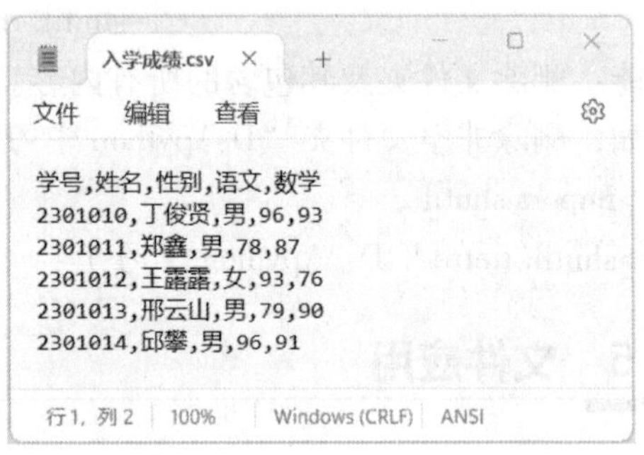


```
学号,姓名,性别,语文,数学
2301010,丁俊贤,男,96,93
2301011,郑鑫,男,78,87
2301012,王露露,女,93,76
2301013,邢云山,男,79,90
2301014,邱攀,男,96,91
```

图 6-6　文件“入学成绩 . csv”的文本形式

程序代码如下：

```
import csv
import os
with open('入学成绩 . csv','r') as f:
    reader = csv. reader(f)                #创建 reader 对象
    print(list(reader))                    #显示全部读取数据
    f. seek(0)                             #调整文件指针指向文件头
    for r in reader:                       #遍历数据，逐行显示
        print(r)
```

程序运行结果如下：

```
[['学号', '姓名', '性别', '语文', '数学'], ['2301010', '丁俊贤', '男', '96', '93'], ['2301011', '郑鑫', '男', '78', '87'], ['2301012', '王露露', '女', '93', '76'], ['2301013', '邢云山', '男', '79', '90'], ['2301014', '邱攀', '男', '96', '91']]
['学号', '姓名', '性别', '语文', '数学']
['2301010', '丁俊贤', '男', '96', '93']
['2301011', '郑鑫', '男', '78', '87']
['2301012', '王露露', '女', '93', '76']
['2301013', '邢云山', '男', '79', '90']
['2301014', '邱攀', '男', '96', '91']
```

2. writer 对象

写入数据到 CSV 文件时，首先调用 open( )函数以写模式打开一个文件，然后，将返回的文件对象传递给 csv. writer( )函数，创建一个 writer 对象，该对象负责将用户的列表数据在给定的文件对象上转换为带分隔符的字符串。写入文件时主要有两种方法：writerow( )写入一行，writerows( )写入多行。

由于 csv 模块会执行自身的换行符处理，因此需指定 open( ) 函数的参数 newline 为空字符串，以免写入多余的换行符。

【例 6.11】 在当前工作目录下，创建文件“student. csv”，写入数据。

程序代码如下：

```
import csv
header = ['name','age','height']                                   #字段名
data = [('Helen',18,164), ('John',18,182),('Sam',19,175)]          #数据
with open('student. csv','w',newline = '') as f:
    writer = csv. writer(f)                                         #创建 writer 对象
    writer. writerow(header)                                        #写标题行
    for p in data:                                                  #遍历数据，逐行写入
        writer. writerow(p)
    #writer. writerows(data)                                        #多行数据写入
```

程序运行结果如图 6-7 所示。

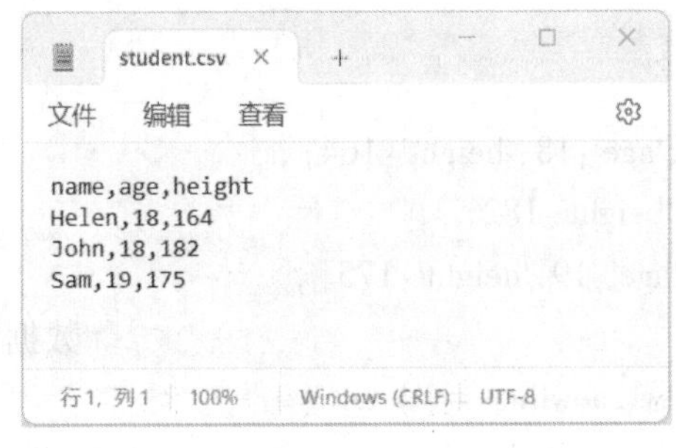

案例拓展：写入数据到 csv 文件

图 6-7　writer 对象写文件结果

3. DictReader 对象

对于包含列标题行的 CSV 文件，DictReader 和 DictWriter 对象通过使用字典进行读写更为方便。

读取 CSV 文件时，首先使用 open( ) 函数打开文件，然后，将返回的文件对象传递给 csv. DictReader( ) 函数，创建一个 DictReader 对象，该对象将每行中的信息映射到一个字典，该字典的键由 csv. DictReader( ) 函数的可选参数 fieldnames 给出，是一个序列，如果省略 fieldnames，则默认将文件第一行的值作为字典的键。

【例 6.12】 使用 DictReader 对象读取文件“入学成绩 . csv”，显示学号、数学两列信息。

程序代码如下：

实验素材：入学成绩 . csv

```
import csv
with open('入学成绩 . csv','r') as f:
    dictReader = csv. DictReader(f)          #创建 DictReader 对象
    for r in dictReader:                      #遍历数据，显示指定列
        print(r['学号'],r['数学'])
        #print(dict(r))                       #以字典形式显示全部数据
```

案例拓展：以字典形式显示 csv 文件中的全部数据

程序运行结果如下：

2301010 93

2301011 87

2301012 76

2301013 90

2301014 91

4. DictWriter 对象

写入数据到 CSV 文件时，首先调用 open( )函数以写模式打开一个文件，然后，将返回的文件对象传递给 csv. DictWriter( )函数，创建一个 DictWriter 对象，将字典映射到输出行。csv. DictWriter( )函数的必选参数 fieldnames 是由键组成的序列，用于指定字典中值的顺序，键-值对会按指定顺序传递给 writerow( )或 writerows( )方法。调用 writeheader( )方法向文件中写入标题行，调用 writerow( )或 writerows( )方法写入数据行。

【例 6.13】 使用字典创建文件“students. csv”，并写入数据。

程序代码如下：

```
import csv
data = [{'name':'Helen','age':18,'height':164},
        {'name':'John','height':182},
        {'name':'Sam','age':19,'height':175},
        ]                                                    #数据
with open('students. csv','w',newline = '') as f:
    field_names = ['name','age','height']                   #字段名
    writer = csv. DictWriter(f,fieldnames=field_names)      #创建 DicetWriter 对象
    writer. writeheader()                                   #写标题行
    writer. writerows(data)                                 #写数据行
```

程序运行结果如图 6-8 所示。

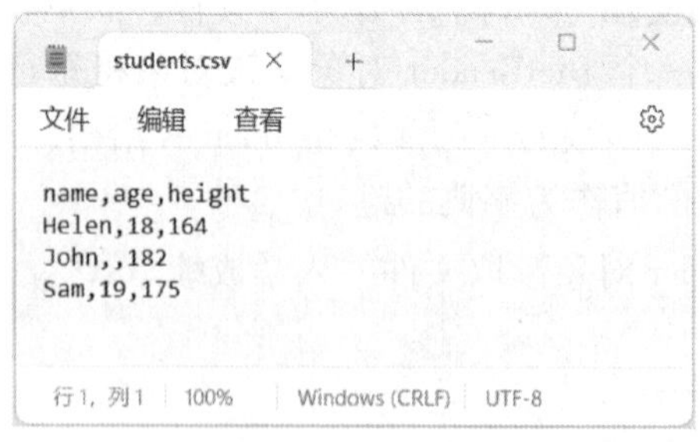

图 6-8　DictWriter 对象写文件结果

需要注意的是，任何缺失的键-值对数据在 CSV 文件中都将显示为空，如本例中第 3 行没有“age”信息。

第 7 章　异常处理结构

异常（exception）是程序运行过程中发生的事件，该事件可以中断程序指令的正常执行流程，是一种常见的运行错误，例如，除法运算时除数为 0，访问序列时下标越界等。如果这些事件得不到正确处理，将会导致程序终止运行，而合理地使用异常处理结果可以避免因为用户不小心的错误输入或其他运行时的原因而造成程序终止运行，也可以使用异常处理结构为用户提供更加友好的提示。

电子教案

7.1　程序中的错误

程序中的错误通常分为以下 3 种。

1. 语法错误

语法错误指不遵循语言的语法结构而引起的错误，程序中含有不符合语法规定的语句。例如，关键字或符号书写错误，使用了未定义的变量，括号不配对，等等。含有语法错误的程序是不能通过编译的，因此程序将不能运行。例如，

```
printf("people"))
```

这条语句的右侧多写了半个括号，所以在运行时. 解释器会报如下错误：

```
SyntaxError: invalid syntax
```

2. 逻辑错误

逻辑错误是指程序中没有语法错误，可以通过编译、连接生成可执行程序，但程序运行的结果与预期不相符的错误。例如，数列元素引用中下标越界，等等。由于含有逻辑错误的程序仍然可以运行，所以这是一种较难发现和调试的程序错误，在程序设计、调试中应特别注意。

3. 运行时错误

运行时错误是指程序没有语法错误和逻辑错误，但程序在运行过程中出现了错误，导致程序意外退出。一般所说的异常便指的是运行时错误。例如，

```
a=2/0
```

由于除数不能为 0，所以在运行时. 解释器会报如下错误：

```
ZeroDivisionError: division by zero
```

7.2　异常

异常即是一个事件，该事件会在程序执行过程中发生，影响程序的正常执行。一般情况下，在 Python 无法正常处理程序时就会发生一个异常。异常是 Python 对象，表示一个错误。当 Python 程序发生异常时需要捕获处理它，否则程序会终止执行。Python 常见的标准异常如

表 7-1 所示。

表 7-1　常见的标准异常

异常名称	描述
SystemExit	解释器请求退出
FlontingPointError	浮点计算错误
OverflowError	数值运算超出最大限制
ZeroDivisionError	除（或取模）零（所有数据类型）
Keyboardnterrupt	用户中断执行（通常是输入 Ctrl+C）
ImportError	导入模块/对象失败
IndexError	序列中没有此索引（index）
RuntimeError	一般的运行时错误
AtributeError	对象没有这个属性
IOError	输入输出操作失败
OSEror	操作系统错误
KeyError	映射中没有这个键
TypeError	对类型无效的操作
ValueError	传入无效的参数

7.3　常用异常处理结构

7.3.1　try-except 语句

try-except 语句的一般形式为：

```
try :
    语句块 1
except 异常类型 1：
    语句块 2
except 异常类型 2：
    语句块 3
…
except 异常类型 N：
    语句块 N+1
```

try…except 语句的执行流程为：

正常执行的程序在 try 下面的“语句块 1”中执行，在执行过程中如果发生了异常，则中

断当前“语句块 1”的执行，跳转到对应的异常处理块中进行处理。Python 首先从“except 异常类型 1:”处开始查找，如果找到了对应的异常类型，则进入其提供的语句块中处理，否则直接进入 except 块处进行处理。

实际上，不管程序代码块是否处于 try 块中，只要执行该代码块时出现了异常，系统都会自动生成对应类型的异常。如果此段程序没有用 try 语句，又或者没有为该异常配置处理它的 except 块，则 Python 解释器将无法处理，程序就会停止运行。异常处理结构是防止程序崩溃、保证代码健壮性的重要技术手段之一。

【例 7.1】try-except 用法示例。

程序代码如下：

```
x,y=eval(input("x,y="))
try :
    print(x/y)
except ZeroDivisionError:              #捕捉异常
    print("除数为 0")                  #异常处理
except TypeError:                      #捕捉异常
    print("数字格式异常")              #异常处理
except:                                #捕捉未知异常
    print("未知异常")
```

程序运行结果如下：

第 1 次运行：

```
x,y=3,5
0.6
```

第 2 次运行：

```
x,y=3,0
除数为 0
```

第 3 次运行：

```
x,y=6,'a'
数字格式异常
```

第 8 行代码只有 except 关键字，并未指定具体要捕获的异常类型，这种省略异常类型的 except 语句也是合法的，它表示可以捕获所有类型的异常，一般会作为异常捕获的最后一个 except 块。

7.3.2 try-except-else 语句

Python 异常处理机制还提供了一个 else 块，也就是在原有 try-except 语句的基础上再添加一个 else 块，即 try-except-else 结构。

只有当 try 块没有捕获到任何异常时，else 块代码才会被执行；反之，如果 try 块捕获到异常，则调用对应的 except 处理异常，else 块中的代码不会被执行。

【例 7.2】try-except-else 用法示例。

程序代码如下：

```
a_list=["Beijing","Shanghai","Shenzhen"]
print("input the number of list")
while True:
    i=int(input())
    try:
        print(a_list[i])
    except IndexError:
        print("out of the border,please input again")
    else:
        break
```

程序运行结果如下：

```
input the number of list
9
out of the border,please input again
8
out of the border,please input again
2
ShenzhenFrance
```

【例 7.3】编程计算一个文件的行数。

分析：首先需要使用 open()函数将文件打开，如果文件不存在，则会出发 FileNotFoundError 异常，可使用 try-except 结构处理。

程序代码如下：

```
try:
    f=open('aa.txt','r',encoding='utf-8')
    data=f.readlines()
except  FileNotFoundError:              #捕捉异常
    print('File does not exist! ')
else:                                   #没有异常，计算行数
    lens=len(data)
    f.close()
    print(f'aa.txt has {lens} lines')
```

当文件不存在的运行结果为：

File does not exist!

若文件 aa.txt 存在,则统计其行数并输出结果,示例结果如下：

aa.txt has 3 lines

7.3.3 try-except-finally 语句

Python 异常处理机制还提供了一个 finally 语句，和 else 语句不同，finally 只要求和 try 搭配使用，而至于该结构中是否包含 except 及 else，对于 finally 来说不是必需的（else 必须和 try-except 搭配使用）。

在整个异常处理机制中，finally 语句的特点是：无论 try 块是否发生异常，最终都要进入 finally 语句，并执行其中的代码块。因此，finally 语句通常用来为 try 块中的程序提供清理工作，例如，关闭文件、关掉数据库连接释放资源等。

【例 7.4】 打开文件“data. txt”，从键盘读入一个整数，并捕捉类型错误的异常；当没有异常发生时，将输入的整数写入文件；当有异常发生时，退出 try 语句，并释放文件。

程序代码如下：

```
try:
    f=open('data.txt','w+',encoding='utf-8')
    num=int(input("Please enter an integer:"))
except ValueError:                    #输入数据异常
    print('Error:integer type is required! ')
else:                                 #没有异常，将数据写入
    f.write(str(num))
    print('Ok,Write num into file.')
finally:                              #不管是否发生异常，关闭文件，释放资源
    f.close()
    print('Finally,close the file.')
```

程序运行结果如下：

第 1 次运行：

```
Please enter an integer:8
Ok,Write num into file.
Finally,close the file.
```

第 2 次运行：

```
Please enter an integer:6.8
Error:integer type is required!
Finally,close the file.
```

7.4 断言语句

断言语句 assert 是一种比较好用的代码调试技术，常用来在程序的某个位置确认指定的条件必须满足，如果满足条件就继续执行后续的代码，否则就抛出异常。assert 语句常用于检查函数参数的属性（参数是否是按照设想的要求传入），或者作为初期测试和调试过程中的辅助

工具。assert 语句的格式如下：

assert expression[,arguments]

其中，assert 是断言的关键字。如果 expression 的值为假，就会触发 AssertionError 异常。该异常可以被捕获并处理；如果 expression 的值为真，则不采取任何措施。

assert 语句可以看作是功能缩小版的 if 语句，它用于判断某个表达式的值，如果值为真，则程序可以继续往下执行；反之，Python 解释器会报 AssertionError 错误。assert 语句的执行流程用 if 判断语句的表示如下所示：

```
if 表达式==True:
    程序继续执行
else:
    程序报 AssertionError 错误
```

【例 7.5】断言程序示例。

程序代码如下：

```
x=10
y=20
assert x<y
assert x>y,f'{x}is not bigger than {y}'
```

分析：x>y 的结果为 False，所以触发 AssertionError 异常。

程序运行结果如下：

```
Traceback (most recent call last):
  File "D:/python 示例/断言示例.py", line 4, in <module>
    assert x>y,f'{x}is not bigger than {y}'
AssertionError: 1 is not bigger than 2
```

第 8 章 Python 科学计算与数据分析

电子教案

传统的科学计算主要基于矩阵运算，因为通过矩阵可以有效地组织、表达大量数值，科学计算领域著名的计算平台 Matlab 就采用矩阵作为最基础的变量类型。一维矩阵是线性的，类似于列表；二维矩阵是表格状的，是常用的数据表示形式。科学计算与传统计算的一个显著区别在于：科学计算以矩阵而不是单一数值为基础，增加了计算密度，能够表达更为复杂的数据运算逻辑。

随着 NumPy、Matplotlib 等众多程序库的开发，Python 越来越适用于科学计算和数据可视化。与科学计算领域比较流行的 Matlab 相比，Python 是一门专业的通用程序设计语言，其比 Matlab 所采用的脚本语言的应用范围更广泛，有更多程序库的支持。其中，Scipy 的使用非常广泛，有一些 Python 第三方库是直接基于它的一些核心包进行开发的，例如，Python 著名的机器学习工具包 Scikit-learn。本章重点介绍 Scipy 中 3 个重要的核心包：Numpy，pandas，Matplotlib。

8.1 Numpy 基础

数值计算库（numerical Python，NumPy）是 Python 进行数据处理的第三方库，是一个开源的 Python 科学计算库，从实际使用情况来看，NumPy 已经成为数值计算的标准库。此外，该库不仅为其他数据处理第三方库提供一些底层支持，而且也是学习数据分析、科学计算、机器学习和人工智能等专业的基础。

数值计算库 Numpy 的主要特点包括：运行速度非常快，支持多维数组操作，丰富的处理方法和函数：算术、逻辑、函数、排序、线性代数、矩阵运算、统计运算和随机模拟等，NumPy 库支持大量的维度数组与矩阵运算，可用来存储和处理大型矩阵，比 Python 自身的嵌套列表结构要高效得多。NumPy 库主要处理对象是多维数组，数组中所有元素都必须具有相同的数据类型（通常是数字），可以使用整数作为多维数组的索引。

NumPy 库在 Windows 操作系统中使用 pip 命令安装，代码如下：

```
pip install numpy
```

按照使用习惯，一般使用以下方式引用 NumPy 库：

```
import numpy as np
```

该命令的作用是导入 numpy 库并起别名 np，即在后续的程序中，np 将代替 numpy。

8.1.1 数组对象 ndarray

Numpy 库的主要功能之一就是实现数组数据计算。Numpy 的数组类被称作 ndarray，

ndarray 通常被称作数组，ndarray 对象的重要属性有：

1. ndarray. ndim

ndarray. ndim 表示数组轴的个数。在 Python 语言中，轴的个数也被称作秩，如一个 3 行 4 列的数组，它有两个轴，因此秩为 2。

2. ndarray. shape

ndarray. shape 表示数组的维度。这是一个指示数组在每个维度上大小的整数元组，例如，一个 2 行 3 列的矩阵，它的 shape 属性将是（2,3），这个元组的长度显然是秩，即维度或者 ndim 属性。

3. ndarray. size

ndarray. size 表示数组元素的总个数，等于 shape 属性中元组元素的乘积。

4. ndarray. dtype

ndarray. dtype 用来描述数组中元素类型的对象。创建数组时可以指定 dtype 类型，例如，使用标准 Python 类型，另外，NumPy 也有属于自己的数据类型。

【例 8.1】 ndarray 对象的属性示例 1。

程序代码如下：

```
import numpy as np
a = np.array([1,2,3])
print(a)
print(a.ndim)
print(a.shape)
print(a.size)
print(a.dtype)
```

程序运行结果如下：

```
[1 2 3]
1
(3,)
3
int32
```

【例 8.2】 ndarray 对象的属性示例 2。

程序代码如下：

```
import numpy as np
a = np.array(([1,2,3,9],[4,5,7,8]))
print(a)
print(a.ndim)
print(a.shape)
```

程序运行结果如下：

```
[[1 2 3 9]
 [4 5 7 8]]
```

```
2
(2, 4)
```

8.1.2 创建数组

Numpy 库创建数组有多种函数，下面介绍几种比较常用的函数。

1. np.array(object,dtype)函数

功能：使用列表或元组创建数组，dtype 是数组类型，例如，

>>>np.array((0,1,3,5,7,9))

```
array([0, 1, 3, 5, 7, 9])
```

>>>np.array((0,2,4,6,9),dtype=float)

```
array([0. , 2. , 4. , 6. , 9. ])
```

2. np.arange(x,y,d)函数

功能：创建起始位为 x，结束为 y-1，步长为 d 的等差数组，例如，

>>>np.arange(1,20,3)

```
array([ 1,  4,  7, 10, 13, 16, 19])
```

3. np.linspace(x,y,n)函数

功能：创建起始位为 x，结束位为 y，等分成 *n* 个的等差数组，例如，

>>>np.linspace(0,5,6)

```
array([0. , 1. , 2. , 3. , 4. , 5. ])
```

4. np.zeros((m,n))函数

功能：创建 *m* 行 *n* 列的全 0 数组，例如，

>>>np.zeros((3,2))

```
array([[0. , 0. ],
       [0. , 0. ],
       [0. , 0. ]])
```

5. np.ones((m,n))函数

功能：创建 *m* 行 *n* 列的全 1 数组，例如，

>>>np.ones((3,2))

```
array([[1. , 1. ],
       [1. , 1. ],
       [1. , 1. ]])
```

6. np.empty((m,n))函数

功能：创建 *m* 行 *n* 列的随机数组，例如，

>>>np.empty((3,3))

```
array([[4.79243676e-322, 0.00000000e+000, 0.00000000e+000],
       [0.00000000e+000, 0.00000000e+000, 2.31222722e-321],
       [6.86915110e-140, 2.28896038e+243, 7.35876461e+223]])
```

注意：数组元素的值是随机产生的。

7. np. random. rand(m,n)函数

功能：创建 m 行 n 列 0~1 之间的随机数组，例如，

```
>>>np.random.rand(3,2)
```

```
array([[0.20170554, 0.95907059],
       [0.34224286, 0.83163857],
       [0.21638931, 0.9252469 ]])
```

注意：数组元素的值是在 0~1 之间随机产生的。

8. np. eye (m,n)函数

功能：创建 m 行 n 对角线元素为 1，其余元素为 0 的数组，例如，

```
>>>np.eye (3,3)
```

```
array([[1., 0., 0.],
       [0., 1., 0.],
       [0., 0., 1.]])
```

【例 8.3】 使用不同的函数创建数组。

程序代码如下：

```
import numpy as np
x0=np.array((0,1,2,3,4,5,6,8))                    #使用元组创建一维数组
x1=np.array([0,1,2,3,4,5,6,8],dtype = np.float32)  #使用列表创建一维浮点型数组
x2=np.arange(1,10,3)                              #创建 1~9，步长为 2 的等差数组
x3=np.linspace(0,10,11)                           #创建 0 ~10，分成 11 份的等差数组
x4=np.zeros((3,4))                                #创建 3 行 4 列的全 0 二维数组
x5=np.ones((2,3))                                 #创建 2 行 3 列的全 1 二维数组
x6=np.empty((3,4))                                #创建 3 行 4 列的随机二维数组
x7=np.eye(5)                                      #创建 5 行 5 列对角线为 1，其余为 0 数组
x8=np.random.rand(4,5)                            #创建 4 行 5 列 0~1 之间随机数组
print("x0=",x0)
print("x1=",x1)
print("x2=",x2)
print("x3=",x3)
print("x4=",x4)
print("x5=",x5)
print("x6=",x6)
print("x7=",x7)
```

```
print("x8=",x8)
```

程序运行结果如下：

```
x0=[0 1 2 3 4 5 6 8]
x1=[0. 1. 2. 3. 4. 5. 6. 8.]
x2=[1 4 7]
x3=[ 0.   1.   2.   3.   4.   5.   6.   7.   8.   9. 10.]
x4=[[0. 0. 0. 0.]
 [0. 0. 0. 0.]
 [0. 0. 0. 0.]]
x5=[[1. 1. 1.]
 [1. 1. 1.]]
x6=[[9.65024774e-048 6.01346953e-154 1.10336467e+161 3.98452900e+252]
 [8.48585409e-096 7.06474122e-096 5.53290028e-048 6.01347002e-154]
 [6.01347002e-154 3.98220466e+209 1.15429122e-259 6.01347002e-154]]
x7=[[1. 0. 0. 0. 0.]
 [0. 1. 0. 0. 0.]
 [0. 0. 1. 0. 0.]
 [0. 0. 0. 1. 0.]
 [0. 0. 0. 0. 1.]]
x8=[[0.7056548  0.08214596 0.46838187 0.85155313 0.20300433]
 [0.89165909 0.39272214 0.32617822 0.15800041 0.62179126]
 [0.31995195 0.80789553 0.0545389  0.10171336 0.03855074]
 [0.80701126 0.64643904 0.11941234 0.74714882 0.738072  ]]
```

8.1.3　数组打印

当打印一个数组时，Numpy 会以类似嵌套列表的形式显示它，并呈以下布局：最后的轴从左到右打印，倒数第 2 位的轴从顶向下打印，剩下的轴从顶向下打印，每个切片通过一个空行与下一个隔开，一维数组被打印成行，二维数组打印成矩阵，三维数组打印成矩阵列表，例如，

```
a=np.arange(8)
>>>print(a)
```

```
[0 1 2 3 4 5 6 7]
```

```
>>>b=np.arange(15).reshape(3,5)              #二维数组
>>>print(b)
```

```
[[ 0  1  2  3  4]
 [ 5  6  7  8  9]
 [10 11 12 13 14]]
```

```
>>>c=np.arange(27).reshape(3,3,3)           #三维数组
>>>print(c)
```

```
[[[ 0  1  2]
  [ 3  4  5]
  [ 6  7  8]]

 [[ 9 10 11]
  [12 13 14]
  [15 16 17]]

 [[18 19 20]
  [21 22 23]
  [24 25 26]]]
```

如果一个数组太大而难以显示，那么 Numpy 会自动省略中间部分而只打印头和尾的数据，例如，

```
>>>a=np.arange(5000)
>>>print(a)
```

```
[   0    1    2 ... 4997 4998 4999]
```

```
>>>b=np.arange(10000).reshape(200,50)
>>>print(b)
```

```
[[   0    1    2 ...   47   48   49]
 [  50   51   52 ...   97   98   99]
 [ 100  101  102 ...  147  148  149]
 ...
 [9850 9851 9852 ... 9897 9898 9899]
 [9900 9901 9902 ... 9947 9948 9949]
 [9950 9951 9952 ... 9997 9998 9999]]
```

8.1.4 数组算术运算

numpy 库提供了一些简单算术运算函数，可以进行数组与数组之间的加、减、乘、除等运算，当然也可以用相应的运算符（+、-、*、/）来完成，但必须注意的是，数组必须具有相同的形状，数组的运算是按元素进行的，以如下数组为例，来学习数组的算数运算。

```
>>>a=np.array([1,3,5,7])
>>>b=np.arange(1,5)
```

```
>>>c=np.array([[10,20,30,40],[50,60,70,80]])
```

1. np.add (x, y)

功能：数组 x 与数组 y 相加，例如，

```
>>>np.add(a,b)
array([ 2,  5,  8, 11])
>>>a+b
array([ 2,  5,  8, 11])
>>>a+1
array([2, 4, 6, 8])
>>>np.add(a,c)                       #"a+c"是一维数组与二维数组相加
array([[11, 23, 35, 47],
       [51, 63, 75, 87]])
```

2. np.subtract(x,y)

功能：数组 x 与数组 y 相减，例如，

```
>>>np.subtract(a,b)
array([0, 1, 2, 3])
>>>a-b
array([0, 1, 2, 3])
>>>np.subtract(a,c)                  #"a-c"是一维数组与二维数组相减
array([[ -9, -17, -25, -33],
       [-49, -57, -65, -73]])
```

3. np.multiply(x,y)

功能：数组 x 与数组 y 相乘，例如，

```
>>>np.multiply(a,b)
array([ 1,  6, 15, 28])
>>>a * b
array([ 1,  6, 15, 28])
>>>np.multiply(a,c)                  #"a * c"是 一维数组与二维数组相乘
array([[ 10,  60, 150, 280],
       [ 50, 180, 350, 560]])
```

4. np.divide(x,y)

功能：数组 x 与数组 y 相除，例如，

```
>>>np.divide(a,b)
array([1.        , 1.5       , 1.66666667, 1.75      ])
```

```
>>>a/b
array([1.        , 1.5       , 1.66666667, 1.75      ])
>>>np.divide(a,c)        #"a/c"是一维数组与二维数组相乘
array([[0.1       , 0.15      , 0.16666667, 0.175     ],
       [0.02      , 0.05      , 0.07142857, 0.0875    ]])
```

除了数组的简单的算数运算外，还可以通过一些方法对数组进行各种统计，例如，

```
>>>a=np.array([1,3,5,7])
>>>c=np.array([[10,20,30,40],[50,60,70,80]])
>>>a.sum()                          #求和
16
>>>c.sum(axis=0)                    #按列求和
array([ 60,  80, 100, 120])
>>>c.sum(axis=1)                    #按行求和
array([100, 260])
>>>a.min()                          #返回数组最小值
1
>>>a.max()
7
>>>a.argmin()                       #返回数组最小值的序号
0
>>>a.mean()                         #求平均值
4.0
```

8.1.5 三角函数

Numpy 库还包含三角函数，下面以 x=np.linspace(1,8,13)为例来讲解其用法。

1. np.sin(x)

功能：计算每个元素正弦值。

例如，

```
>>>print(np.sin(x))
[ 0.84147098  0.99992141  0.82766035  0.38166099 -0.19056796 -0.69976895
 -0.97753012 -0.93198544 -0.57819824 -0.03317922  0.52281342  0.90589206
  0.98935825]
```

2. np.cos(x)

功能：计算每个元素余弦值。

例如，

```
>>>print(np.cos(x))
```

```
[ 0.54030231 -0.01253668 -0.56122931 -0.92430238 -0.981674    -0.71436924
-0.2107958   0.36249572  0.81589631  0.99944942  0.85244714  0.42350864
-0.14550003]
```

3. np.tan(x)

功能：计算每个元素的正切值。

例如，

```
>>>print(np.tan(x))
```

```
[ 1.55740772e+00 -7.97596782e+01 -1.47472759e+00 -4.12917894e-01
  1.94125506e-01  9.79561978e-01  4.63733205e+00 -2.57102469e+00
-7.08666325e-01 -3.31974945e-02  6.13308901e-01  2.13901670e+00
-6.79971146e+00]
```

4. np.sqrt(x)

功能：计算每个元素的平方根。

例如，

```
>>>print(np.sqrt(x))
```

```
[1.          1.25830574 1.47196014 1.6583124  1.82574186 1.97905701
 2.12132034 2.25462488 2.38047614 2.5        2.61406452 2.72335577
 2.82842712]
```

5. np.round(x)

功能：计算每个元素的四舍五入值。

例如，

```
>>>print(np.round(x))
```

```
[1. 2. 2. 3. 3. 4. 4. 5. 6. 6. 7. 7. 8.]
```

6. np.exp(x)

功能：计算每个元素的指数值。

例如，

```
>>>print(np.exp(x))
```

```
[2.71828183e+00 4.87116600e+00 8.72913836e+00 1.56426319e+01
 2.80316249e+01 5.02327230e+01 9.00171313e+01 1.61310864e+02
 2.89069362e+02 5.18012825e+02 9.28279928e+02 1.66347932e+03
 2.98095799e+03]
```

7. np.log(x)

功能：计算每个元素的对数值。

例如，

```
>>>print(np.log(x))
[0.          0.45953233 0.77318989 1.01160091 1.2039728   1.36524095
 1.5040774   1.62596721 1.73460106 1.83258146 1.9218126   2.00372972
 2.07944154]
```

8.1.6 索引和切片

与 Python 中的列表和元组类似，NumPy 的数组也可以索引和切片，可以通过索引或切片方式访问数组元素。数组索引是通过指定下标获得数组中的某个元素，而数组切片是通过指定下标范围获得数组中的一组元素（注意：数组索引分正向索引（从左往右）和反向索引（从右往左），正向索引下标从 0 开始递增，反向索引下标从-1 开始递减，如表 8-1 所示。

表 8-1　数组的索引和切片方法

方法（x 为数组名）	功　　能
x[i]	索引第 i 个元素
x[-i]	从后向前索引第 i 个元素
x[n:m]	默认步长为 1，从前向后索引，不包含 m
x[-n:m]	默认步长为 1，从后向前索引，结束位置为 n
x[n:m:i]	指定步长为 i 的由 n 到 m 的索引

【例 8.4】 使用 numpy 数组索引和切片。

程序代码如下：

```
import numpy as np
x=np.arange(1,10)
y=np.array([[1,2,3,4],[5,6,7,8],[11,22,33,44]])
#对一维数组进行索引和切片
x1=x[0]
x2=x[-1]
x3=x[3:5]
x4=x[3:]
x5=x[-1::-1]                    #反向切片
x6=x[0::2]
#对二维数组进行索引和切片
y1=y[0:2]                       #对行切片
y2=y[1:3,2:4]                   #对行、列都进行切片
y3=y[2:3,:]
y4=y[:,2:4]
print("x=",x)
print("x1=",x1)
print("x2=",x2)
```

```
print("x3=",x3)
print("x4=",x4)
print("x5=",x5)
print("x6=",x6)
print("y=",y)
print("y1=",y1)
print("y2=",y2)
print("y3=",y3)
print("y4=",y4)
```

程序运行结果如下：

```
x= [1 2 3 4 5 6 7 8 9]
x1= 1
x2= 9
x3= [4 5]
x4= [4 5 6 7 8 9]
x5= [9 8 7 6 5 4 3 2 1]
x6= [1 3 5 7 9]
y= [[ 1  2  3  4]
 [ 5  6  7  8]
 [11 22 33 44]]
y1= [[1 2 3 4]
 [5 6 7 8]]
y2= [[ 7  8]
 [33 44]]
y3= [[11 22 33 44]]
y4= [[ 3  4]
 [ 7  8]
 [33 44]]
```

注意：

numpy 数组的切片是“视图”，是原数组的一部分，而并非一部分的复制，这一点与列表不同。

【例 8.5】 numpy 数组切片举例。

程序代码如下：

```
import numpy as np
a = np.arange (8)                    #a 是[0 1 2 3 4 5 6 7]
b = a[3:6]                           #注意，b 是 a 的一部分
print (b)                            #>>[3 4 5]
```

```
c = np.copy(a[3:6])                #c是a的一部分的复制
b[0] = 100                         #会修改a
print (a)                          #即为>>[ 0 1 2 100 4 5 6 7]
print(c)                           #即为>>[3 4 5], c不受b影响
a = np.array([[1,2,3,4],[5,6,7,8],[9,10,11,12],[13,14,15,16]])
b = a[1:3,1:4]                     #b是>>[[6 7 8][10 11 12]]
print(b)
```

程序运行结果如下：

```
[3 4 5]
[   0   1   2 100   4   5   6   7]
[3 4 5]
[[ 6  7  8]
 [10 11 12]]
```

【例 8.6】矩阵运算举例。

程序代码如下：

```
import numpy as np
import numpy.linalg as lg          #矩阵的逆，需要导入numpy.linalg
a1= np.array(([1,2,3],[4,5,6],[20,40,50]))
a2= np.array(([1,2,4],[3,4,8],[80,50,60]))
print(a1+a2)
print(a1-a2)
print(a1/a2)
print(a1%a2)
print(a1 ** 2)
print(lg.inv(a1))
```

程序运行结果如下：

```
[[  2   4   7]
 [  7   9  14]
 [100  90 110]]
[[  0   0  -1]
 [  1   1  -2]
 [-60 -10 -10]]
[[1.         1.         0.75      ]
 [1.33333333 1.25       0.75      ]
 [0.25       0.8        0.83333333]]
[[0 0 3]
 [1 1 6]
```

```
[20 40 50]]
[[   1    4    9]
 [  16   25   36]
 [ 400 1600 2500]]
[[ 0.33333333  0.66666667 -0.1       ]
 [-2.66666667 -0.33333333  0.2       ]
 [ 2.          0.         -0.1       ]]
```

8.2　Pandas 基础

Pandas 是基于 NumPy 的数据分析支持库。NumPy 适合处理统一的数值数组数据，Pandas 是专门为处理表格和不同数据类型而设计的，使数据预处理、清洗、分析工作变得更快、更简单。Pandas 已成为 Python 进行数据分析的必备高级工具，广泛应用在学术、金融、统计学等各个数据分析领域。

8.2.1　Pandas 数据结构

Pandas 的主要数据结构是 Series（一维数据）和 DataFrame（二维数据），支持大量计算描述性统计的方法与操作。

1. Series

Series 是带标签的一维数组，可存储整数、浮点数、字符串、Python 对象等类型的数据。轴标签统称为索引，每个数据对应一个索引值，可以通过索引的方式选取或设置 Series 中的单个或一组值。创建 Series 的基本方法为：

pandas.Series(data,index=[ ])

说明：参数 data 可以是列表、数组、字典等数据；参数 index 表示数据行上的标签，如果未指定索引，则自动创建从 0 开始的整数型索引。

【例 8.7】 创建 Series 的常用方式。

分析：创建 Series 的方式有多种，可以使用列表、NumPy 数组创建 Series，根据指定的索引值读取数据，若未指定索引，则自动创建从 0 开始的整数型索引；可以使用字典创建 Series，键作为索引，值作为数据。

程序代码如下：

```
import numpy as np
import pandas as pd

lst = [1,10.5,'Hello']                                  #列表数据
ser1 = pd.Series(lst)                                   #创建 Series，默认行标签
print(ser1)
```

```
ser2 = pd.Series(lst,index=['i','f','s'])                    #创建Series，指定行标签
print(ser2)

ser3 = pd.Series({'i':1,'f':10.5,'s':'Hello'})               #用字典创建Series
print(ser3)

ser4=pd.Series(np.arange(10,15),index=['a','b','c','d','e']) #用NumPy数组创建Series
print(ser4)

print(ser4[:2])                                              #Series切片
```

程序运行结果如下：

```
0       1
1    10.5
2   Hello
dtype: object
i       1
f    10.5
s   Hello
dtype: object
i       1
f    10.5
s   Hello
dtype: object
a    10
b    11
c    12
d    13
e    14
dtype: int32
a    10
b    11
dtype: int32
```

2. DataFrame

DataFrame 是由多种数据类型的列组成的二维标签数据结构，是最常用的 Pandas 对象。DataFrame 既有行索引也有列索引，可以被看作由 Series 组成的字典。创建 DataFrame 的基本方法为：

pandas.DataFrame(data,index = [ ],columns = [ ])

说明：参数 data 可以是列表、数组、字典等数据；index 和 columns 为指定的行、列索引，并按照顺序排列。

【例 8.8】创建 DataFrame 的常用方式。

分析：创建 DataFrame 的方式有多种，例如，直接传入由等长列表或 NumPy 数组组成的字典，字典的键作为列索引，能够自动添加行索引，若设置了索引参数，index 的长度必须与数组一致；使用嵌套字典，则外层字典的键作为列索引，内层字典的键则作为行索引；使用列表字典，字典的键作为列索引。

程序代码如下：

```
import pandas as pd

data1 = [['230710',100,95],['230711',90,85],['230712',80,75]]
#使用列表数据创建 DataFrame
df1 = pd.DataFrame(data1,columns=['Student_ID','Chinese','Math'])
print(df1)

data2 = {'Student_ID':['230710','230711','230712'],
         'Chinese':[100,90,80],
         'Math':[95,85,75]}
df2 = pd.DataFrame(data2)                          #使用 NumPy 数组创建 DataFrame
print(df2)

data3 = {'Chinese':{'230710':100,'230711':90,'230712':80},
'Math':{'230710':95,'230711':85,'230712':75}}
df3 = pd.DataFrame(data3)                          #使用嵌套字典创建 DataFrame
print(df3)

#查看 DataFrame 的属性
print('元素个数:',df3.size,'形状:',df3.shape,'维度:',df3.ndim)
```

程序运行结果如下：

```
  Student_ID  Chinese  Math
0     230710      100    95
1     230711       90    85
2     230712       80    75
  Student_ID  Chinese  Math
0     230710      100    95
1     230711       90    85
2     230712       80    75
```

```
        Chinese  Math
230710      100    95
230711       90    85
230712       80    75
元素个数: 6 形状: (3, 2) 维度: 2
```

8.2.2 读写 CSV 文件

Pandas 具有强大的文件读写功能，能够读写各种文件格式，如 CSV、JSON、SQL、Microsoft Excel。

CSV 文件（comma separated values file，逗号分隔值文件）是一种纯文本文件，它使用特定的结构来排列表格数据，常用的 CSV 文件一般是以逗号间隔不同列，以换行符间隔不同行。CSV 文件结构简单，便于数据存储、转换和处理。

Pandas 提供了读写 CSV 文件的方法 read_csv( )、to_csv( )。

1. 读 CSV 文件

Pandas 通过 read_csv( )方法读取 CSV 文件数据，将数据读入到 DataFrame 中。

【例 8.9】读取当前文件夹中的文件“score. csv”，显示其前 3 行和后 3 行数据。

分析：在文件数据比较多的情况下，不必要显示全部数据，通过 head(n)和 tail(n)方法可以选取头部和尾部的 n 行数据，若无参数，默认返回 5 行。

程序代码如下：

实验素材：score. csv

```
import pandas as pd
data = pd.read_csv('score.csv',encoding='ansi')        #按文件名读取整个文件
print(data.head(3))                                    #显示前 3 行
print(data.tail(3))                                    #显示后 3 行
```

```
程序运行结果如下：
Student_ID Sex  Chinese  Math
0    2301010   M      96    93
1    2301011   M      78    87
2    2301012   F      93    76
    Student_ID Sex  Chinese  Math
11    2301021   F      99    84
12    2301022   M      76    77
13    2301023   M     100    96
```

2. 写 CSV 文件

Pandas 通过 to_csv( )方法保存 DataFrame 数据到 CSV 文件。

【例 8.10】将 DataFrame 数据存入到当前文件夹下的文件“student. csv”中，不需要存入行标签。

分析：to_csv()方法能够保存 DataFrame 到 CSV 文件，设置参数 index = False 表示不存入行标签。

程序代码如下：

```
import pandas as pd
data = {'Student_ID':['230710','230711','230712'],
        'Chinese':[100,90,80],
        'Math':[95,85,75]}
df = pd. DataFrame(data)
df. to_csv("student. csv",index = False)             #将 DataFrame 数据写入文件
```

程序运行结果如图 8-1 所示。

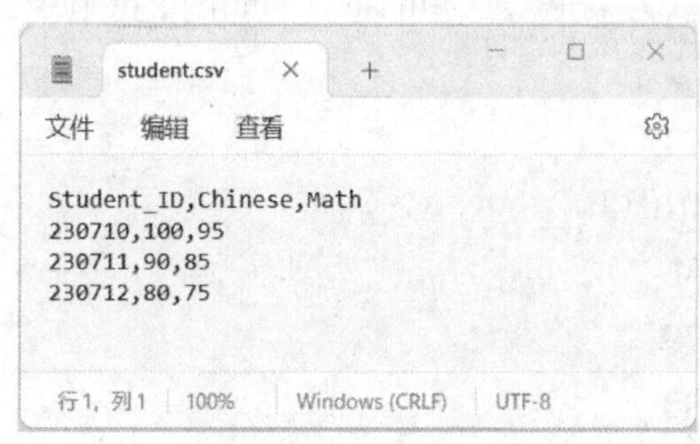

图 8-1　写入 CSV 文件

8.2.3　DataFrame 常见操作

Pandas 提供了大量快速便捷处理数据的函数和方法。

1. 选取数据

Pandas 选取数据的方法有很多，除了通过 head(n)和 tail(n)方法选取头部和尾部的 n 行数据以外，还可以使用 loc 和 iloc 灵活地选取行列数据。

① loc[行标签，列标签]：根据行、列标签查询指定的数据，如果查询多行或多列，则两个参数需用列表表示。

② iloc[行位置，列位置]：根据行、列的位置索引查询指定的数据，位置从 0 开始，使用区间表示索引范围时，是前闭后开方式，即不包括范围的终止值。

【例 8.11】读取当前文件夹下的文件“score. csv”，访问指定的行列数据。

分析：首先查看文件的行索引和列索引，然后使用 loc 和 iloc 分别验证不同指定情况下的设置方法。

程序代码如下：

```
import pandas as pd
data = pd. read_csv('score. csv')
```

```
print("行索引:",data.index)
print("列索引:",data.columns)

print("第3行数据:\n",data.loc[3],sep='')
print("第3和5行的语文:\n",data.loc[[3,5],'Chinese'],sep='')
print("第3至5行的语文、数学:\n",data.loc[3:5,['Chinese','Math']],sep='')

print("第3至4行的语文、数学:\n",data.iloc[3:5,[2,3]],sep='')
print("第3行第3列数据:\n",data.iloc[3,3],sep='')
```

程序运行结果如下：

```
行索引: RangeIndex(start=0, stop=14, step=1)
列索引: Index(['Student_ID', 'Sex', 'Chinese', 'Math'], dtype='object')
第3行数据:
学号      2301013
Student_ID           2301013
Sex                   M
Chinese               79
Math                  90
Name: 3, dtype: object
第3和5行的语文:
3     79
5     88
Name: Chinese, dtype: int64
第3至5行的语文、数学:
    Chinese   Math
3   79   90
4   96   91
5   88   76
第3至4行的语文、数学:
    Chinese   Math
3   79   90
4   96   91
第3行第3列数据:
90
```

2. 处理缺失值

数据分析工作中，经常存在缺失数据的情况。在对数据进行清洗的阶段，一般都需要处理

数据的空值。对于数值数据，Pandas 使用浮点值 NaN(np. nan)表示缺失数据。Pandas 提供了处理缺失数据的多种方法，如检测缺失值、删除缺失值、填充缺失值等。

【例 8.12】 对当前文件夹下的文件“students. csv”检测缺失值，缺失值填充为 0。

分析：首先读取文件“students. csv”并打印，然后使用 isnull()检测缺失值，使用 fillna()填充缺失值。

程序代码如下： 实验素材：students. csv

```
import pandas as pd
data = pd.read_csv('students.csv')
print("原文件内容:\n",data,sep='')
print("缺失值检测结果:\n",data.isnull(),sep='')
print("填充缺失值:\n",data.fillna(value = 0),sep='')
```

程序运行结果如下：

```
原文件内容:
    name   age  height
0  Helen  18.0     164
1   John   NaN     182
2    Sam  19.0     175
缺失值检测结果:
    name    age  height
0  False  False   False
1  False   True   False
2  False  False   False
填充缺失值:
    name   age  height
0  Helen  18.0     164
1   John   0.0     182
2    Sam  19.0     175
```

3. 排序

Pandas 支持 3 种排序方式：按索引标签排序、按值排序、按两种方式混合排序。sort_values()方法用于按行列的值对 DataFrame 排序。

【例 8.13】 对当前文件夹下的文件“score. csv”进行两次排序，分别为按照数学升序排序；按照语文降序、学号升序排序。

分析：首先读取文件“score. csv”，然后对数学一列升序排序，对语文降序、学号升序同步排序。为了更加直观，本例只选取前 5 行数据进行排序演示。

程序代码如下：

```
import pandas as pd
data = pd.read_csv('score.csv')
```

```
print("数学升序:\n",data.head(5).sort_values('Math'))       #单列值排序
print("语文降序、学号升序:\n",data.head(5).sort_values(['Chinese','Student_ID'],
ascending=[False,True]))  #多列值排序
```

```
程序运行结果如下:
数学升序:
   Student_ID  Sex  Chinese  Math
2  2301012      F     93      76
1  2301011      M     78      87
3  2301013      M     79      90
4  2301014      M     96      91
0  2301010      M     96      93
语文降序、学号升序:
   Student_ID  Sex  Chinese  Math
0  2301010      M     96      93
4  2301014      M     96      91
2  2301012      F     93      76
3  2301013      M     79      90
1  2301011      M     78      87
```

8.3 Matplotlib 基础

8.3.1 Matplotlib 简介

数据可视化是 Python 语言的重要应用领域。Matplotlib 是 Python 中最受欢迎的数据可视化软件包之一，支持跨平台运行，它是 Python 常用的 2D 绘图库，同时它也提供了一部分 3D 绘图接口。Matplotlib 通常与 NumPy 和 Pandas 一起使用，是数据分析中不可或缺的重要工具之一。

Matplotlib 不仅提供了一个非常快捷的用 Python 可视化数据的方法，而且可以生成输出格式多样化的达到出版物级别的高质量图形。

Matplotlib 库由一系列有组织、有隶属关系的对象构成，这对于基础绘图操作来说显得过于复杂。因此，matplotlib 库提供了一套快捷命令式的绘图接口函数，即子模块 pyplot。pyplot 将绘图所需的对象构建过程封装在函数中，对用户提供了更加友好的接口。

Matplotlib 库在 Windows 操作系统中使用 pip 命令安装，代码如下：

```
pip install matplotlib
```

按照使用习惯，一般使用以下方式引用子模块 pyplot：

```
import matplotlib.pyplot as plt
```

该命令的作用是导入 matplotlib. pyplot 子库并起别名 plt，即在后续的程序中，plt 将代替 matplotib. pyplot。

8. 3. 2　pyplot 绘图区域函数

1. figure( )函数

通过 figure( )函数可以创建一个 figure 类对象，该对象代表新的绘图区域。figure( )函数的基本语法格式为：

```
matplotlib. pyplot. figure( num = None , figsize = None , dpi = None ,
                            facecolor = None , edgecolor = None , frameon = True , FigureClass = , clear =
                            False , ** kwargs)
```

各参数说明如下：

① num：该参数为图像的编号或名称，其中编号为数字，名称为字符串。

② figsize(float, float)：这两个 float 分别表示宽度、高度，以英寸为单位。

③ dpi：表示图形的分辨率。

④ facecolor：该参数为背景颜色。

⑤ edgecolor：该参数是边界颜色。

⑥ frameon：该参数表禁止绘制图形框。

⑦ FigureClass：该参数表使用一个自定义的 Figure 实例。

⑧ clear：如果该参数为 True 且图形已经存在，则清除该参数。

【例 8. 14】绘制一个尺寸为 8×6 的灰色绘图区域。

程序代码如下：

```
import matplotlib. pyplot as plt
plt. figure( figsize = ( 8 , 6 ) , facecolor = 'gray' )
plt. show( )
```

程序运行结果如图 8-2 所示。

【例 8. 15】创建多个窗口对象。

程序代码如下：

```
import matplotlib. pyplot as plt
import numpy as np
data = np. arange( 100 , 301 )
plt. plot( data )
data2 = np. arange( 200 , 401 )
plt. figure( )                #产生第 2 个 figure 对象
plt. plot( data2 )
plt. show( )
```

程序运行结果如图 8-3 所示。

图 8-2　使用 figure( ) 函数绘制的灰色绘图区域

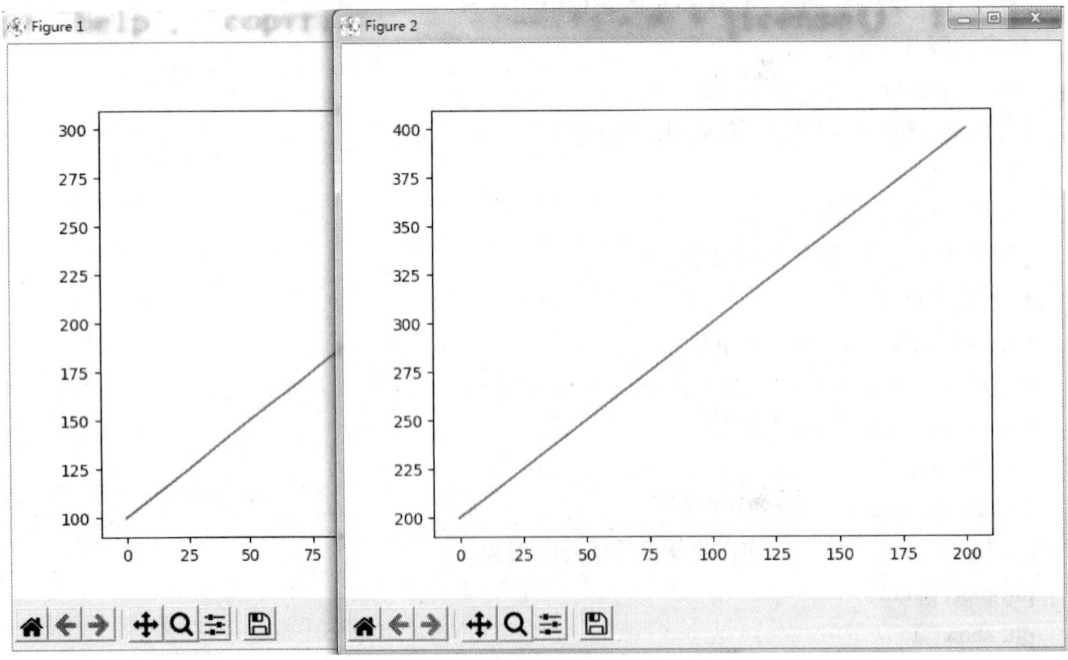

图 8-3　使用 figure( ) 函数创建多个窗口对象

2. axes( )函数

axes( )函数用于生成坐标系风格的绘图区并显示，其基本语法格式为：

axes(rect,projection=None,facecolor="white')

各参数说明如下：

① rect：表示坐标系与整个绘图区域的关系，它的取值可以为[left,bottom,width,height]，其中变量 left、bottom、width 和 height 的取值范围都为［0，1］。

② projection：表示坐标轴的投影类型。

③ facecolor：代表背景色，默认为 white。

【例 8.16】 在当前绘图区域添加一个背景为黄色的坐标系。

程序代码如下：

```
import matplotlib. pyplot as plt
plt. figure(figsize=(8,5),facecolor='white')
plt. axes([0. 1,0. 4,0. 8,0. 5],facecolor='y')
plt. show()
```

程序运行结果如图 8-4 所示。

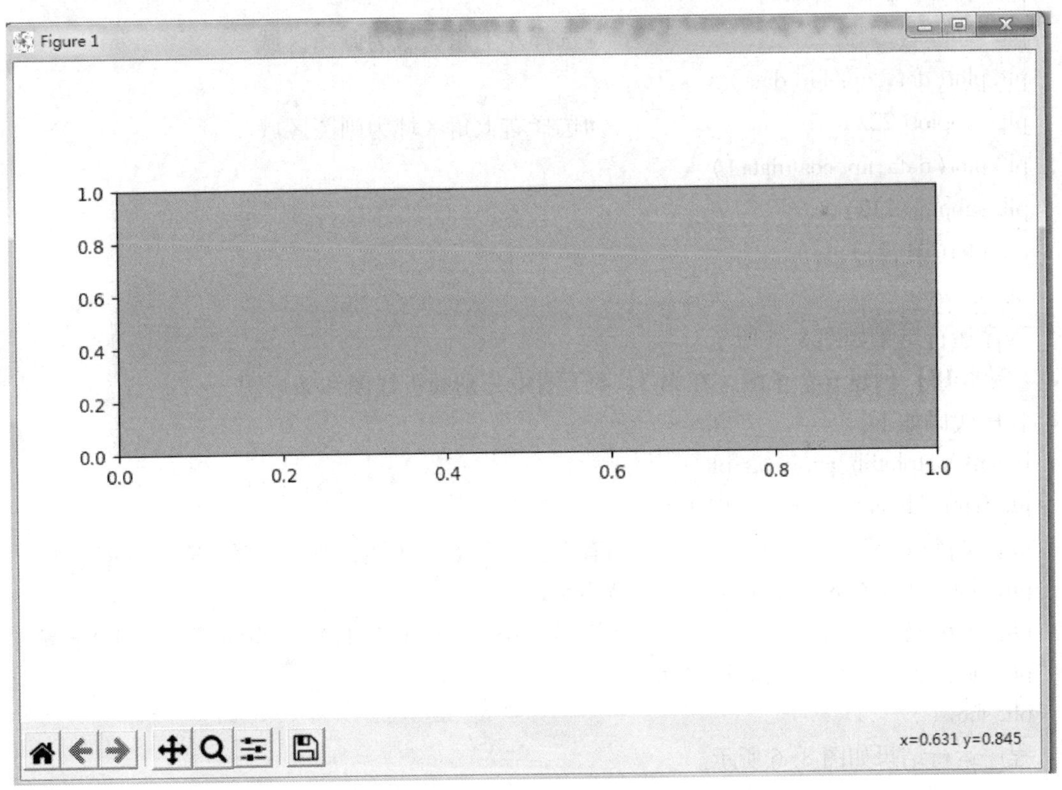

图 8-4　使用 axes( )函数填加坐标系示例

3. subplot()函数

在 matplotlib 下，一个 figure 对象可以包含多个子图（axes），这时需要使用 subplot()快速绘制统计图形。接下来先介绍一个函数——subplot()子区函数，子区，顾名思义，就是区域的子集，即将绘图区域分成若干个子区域，然后分别在这些子区域上绘制统计图形。

subplot()函数的基本语法格式为：

plt. subplot(numRows, numCols, plotNum)

各参数说明如下：

① numRows：表示整个绘图区域被分成的行数。

② numCols：表示整个绘图区域被分成的列数。

③ plotNum：表示指定创建的子图所在区域。

【例 8.17】 使用 matplotlib. pyplot 模块绘制多个子图。

程序代码如下：

```
import matplotlib.pyplot as plt
import numpy as np
data=np.arange(0,4,0.2)
plt.figure(figsize=(8,6))
plt.subplot(221)                        #选择左上角区域为画图区域
plt.plot(data,np.sin(data))
plt.subplot(222)                        #选择右上角区域为画图区域
plt.plot(data,np.cos(data))
plt.subplot(212)
plt.plot([1,2,3,4])
plt.show()
```

程序运行结果如图 8-5 所示。

【例 8.18】 创建 6 个子图，在第 3、4 子图中分别画折线图和条形图。

程序代码如下：

```
import matplotlib.pyplot as plt
plt.figure(num=5,figsize=(10,5))
plt.subplot(232)                        #有 2 行 3 列 6 个子图，当前子图在第 1 行第 2 列
plt.plot([2,4,6,8],[2,8,18,32])        #绘制折线
plt.subplot(2,3,4)                      #等同于 plt.subplot(2,3,4)，当前子图在第 2 行第 1 列
plt.bar([2,4,6,8],[2,8,18,32])
plt.show()
```

程序运行结果如图 8-6 所示。

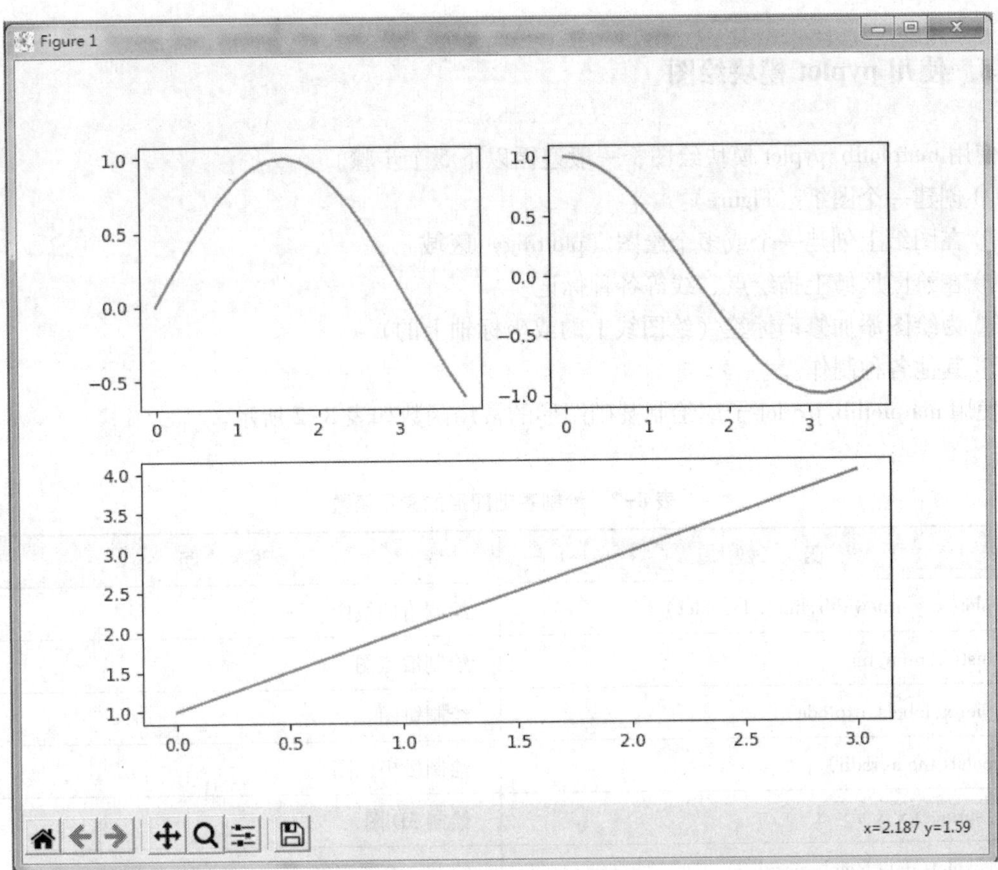

图 8-5　多区域绘图示例 1

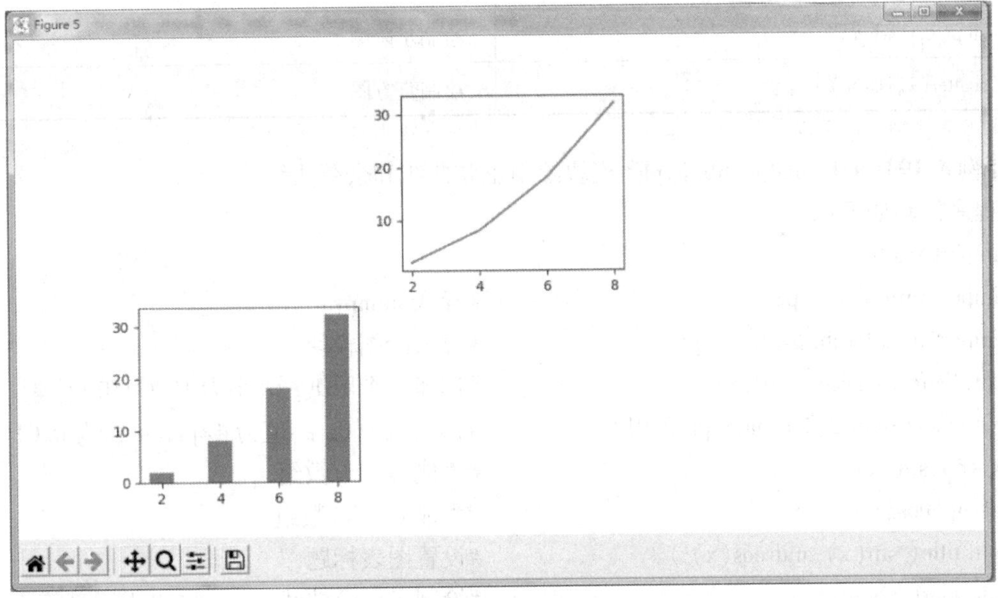

图 8-6　多区域绘图示例 2

8.3.3 使用 pyplot 模块绘图

使用 matplotib. pyplot 模块绘图，一般遵循以下 5 个步骤。

① 创建一个图纸（Figure）。

② 在图纸上创建一个或多个绘图（plotting）区域。

③ 在绘图区域上描绘点、线等各种标记。

④ 为绘图添加修饰标签（绘图线上的或坐标轴上的）。

⑤ 其他各种制作。

使用 matplotlib. pyplot 子库绘制基础图形的常用函数如表 8-2 所示。

表 8-2　绘制基础图形的常用函数

函　　数	说　　明
plt. plot(x,y,linewidth,linestyle,color)	绘制直曲线图
plt. hist(x,num_bins)	绘制散点图
plt. pie(x,labels,explode)	绘制饼图
plt. polar(theta,radii)	绘制极坐标图
plot_surface(x,y,z)	绘制 3D 图
plt. boxplot(data,notch,position)	绘制一个箱形图
plt. bar(left,height,width)	绘制条形图
plt. step(x,y,where)	绘制步阶图
plt. scatter(x,y,s,c)	绘制直方图

【例 8.19】 使用 matplotlib. pyplot 模块绘制正弦曲线和余弦曲线。

程序代码如下：

```
import math
import numpy as np                          #导入 numpy
import matplotlib. pyplot as plt            #导入绘图模块
plt. figure(figsize=(10,5))                 #创建一个图纸，大小为 1000×500 像素
x=np. arange(0,4 * math. pi,0. 01)          #初始值为 0，终值为 4×pi，步长为 0. 01
y=np. sin(x)                                #生成 sin(x)数组
z=np. cos(x)                                #生成 cos(x)数组
plt. title('sin(x) and cos(x)')             #设置图表标题
plt. plot(x,y)                              #绘制 sin(x)曲线
plt. plot(x,z)                              #绘制 cos(x)曲线
```

```
plt. savefig("正弦余弦曲线图")                    #保存图片
plt. show()                                      #显示图像
```

程序运行结果如图 8-7 所示。

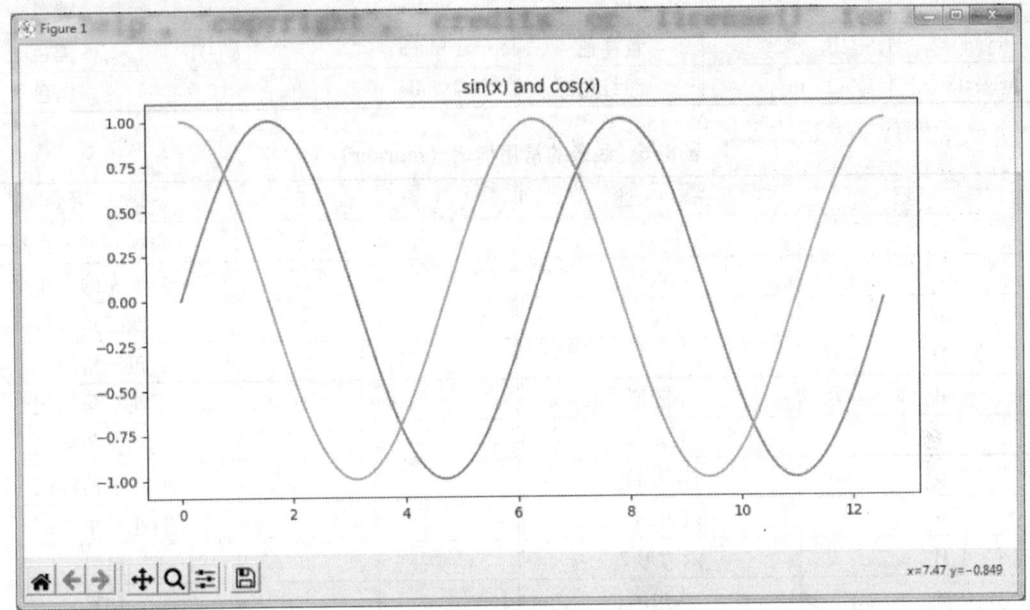

图 8-7　正弦余弦曲线绘制

plot()函数是用于绘制直线曲线的最基础函数，调用方式很灵活，其语法格式如下：

plt. plot(x,y,linewidth,linestyle,color,marker,markerfacecolor,markersize)

各参数说明如下：

① x 和 y：可以是 numpy 计算出的数组，并用关键字参数指定各种属性。

② label：表示设置标签并在图例（legend）中显示，如果在字符串前后添加“$”符号，matplotib 将使用其内置的 latex 引擎来绘制数学公式。

③ linewidth：表示曲线的宽度，默认为 1。

④ color：表示曲线的颜色（可缺省）。

⑤ linestyle：表示线条颜色的风格。

⑥ marker：表示标记风格。

⑦ markerfacecolor：表示标记颜色。

⑧ markersize：表示标记大小（可缺省）。

如表 8-3~表 8-6 所示分别列举了控制线条的常用风格、颜色和标记。

表 8-3　线条的常用风格（linestyle 或 ls）

线条风格	描　述	线条风格	描　述
-	实现	:	虚线
--	破折线	-.	点画线

表 8-4　线条的常用颜色（color 或 c）

color	别　名	颜　色	color	别　名	颜　色
blue	b	蓝色	green	g	绿色
red	r	红色	yellow	y	黄色
cyan	c	青洋色	black	k	黑色
magenta	m	洋红色	white	w	白色

表 8-5　线条的常用标记（marker）

标　记	描　述	标　记	描　述
,	像素	>	一角朝右的三角形
.	点	<	一角朝左的三角形
o	圆	v	倒三角形
D	菱形	^	正三角形
d	小菱形	1	下花三角标记
s	正方形	2	上花三角标记
p	五边形	3	左花三角标记
h	六边形 1	4	右花三角标记
H	六边形 2	*	星号
8	八边形	+	加号
|	竖直线	P	填充的加号
_	水平线	x	乘号

表 8-6　常用标签相关函数

函　数	功　能
plt. title( )	为当前绘图添加标题
plt. legend( )	为当前绘图添加图例
plt. xlabel(s)	设置 x 轴标签
plt. ylabel(s)	设置 y 轴标签
plt. xticks( )	设置 x 轴刻度位置和标签
plt. yticks( )	设置 y 轴刻度位置和标签

【例 8. 20】正弦和余弦曲线标注与美化。

程序代码如下：

```
import numpy as np
import matplotlib. pyplot as plt
plt. figure(figsize=(10,5))          #创建一张图纸，大小为 1000×500 像素
x = np. linspace(0, 2 * np. pi, 50)
y =np. sin(x)
z =np. cos(x)
```

```
plt.plot(x,y,color='blue',marker='d',linewidth=1,linestyle='-',label='sin(x)')
plt.plot(x,z,color='red',linewidth=2.5,linestyle='--',label='cos(x)')
plt.title( "正弦和余弦曲线函数",fontproperties="SimHei")      #添加标题，中文字体
plt.xlabel( "时间",fontproperties="SimHei")                   #添加 x 轴标签
plt.ylabel("数值",fontproperties="SimHei")                    #添加 y 轴标签
plt.legend()                                                  #放置图例
plt.savefig("正弦余弦曲线图")                                 #保存图片
plt.show()                                                    #显示图像
```

程序运行结果图 8-8 所示。

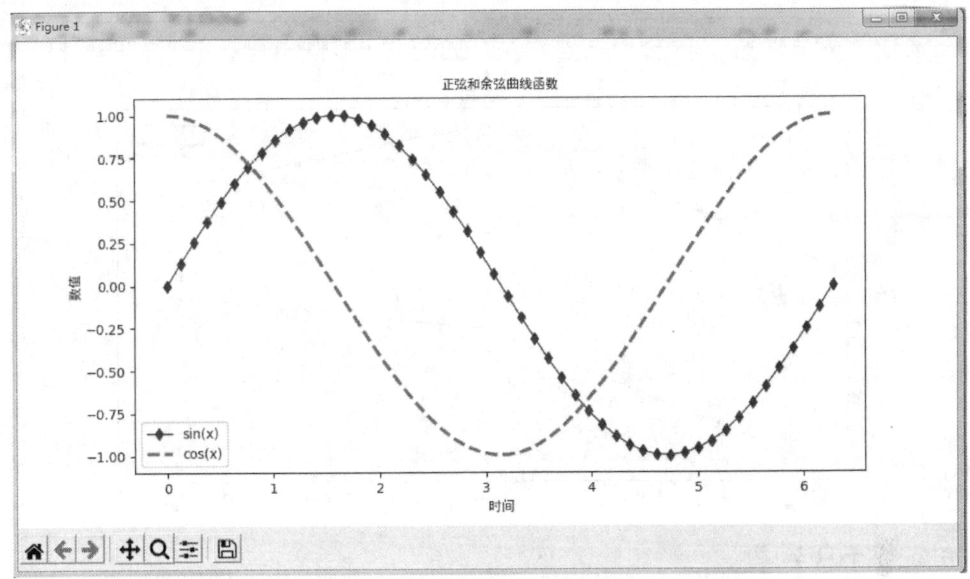

图 8-8 正弦和余弦曲线的标注与美化

1. 绘制线性图

plot()函数的第 1 个数组是横轴的值，第 2 个数组是纵轴的值，下面的程序代码是通过点（1,4）、（2,8）、（3,9）绘制折线，通过点（1,10）、（2,14）、（3,12）绘制折线，添加图例和标题等。

【例 8.21】绘制折线图。

程序代码如下：

```
import numpy as np
import matplotlib.pyplot as plt
plt.rcParams['font.sans-serif'] = ['SimHei']        #设置显示中文
plt.figure(figsize=(10,5))                          #创建一张图纸，大小为 1000×500 像素
x1 = [1,2,3]
y1 = [4,8,9]
x2 = [1,2,3]
```

```
y2 = [10,14,12]
plt.plot(x1,y1,label='first',color='g')
plt.plot(x2,y2,label='second',color='r')
plt.xlabel('X')
plt.ylabel('Y')
plt.title('折线图')
plt.legend()                                  #放置图例
plt.show()
```

程序运行结果如图 8-9 所示。

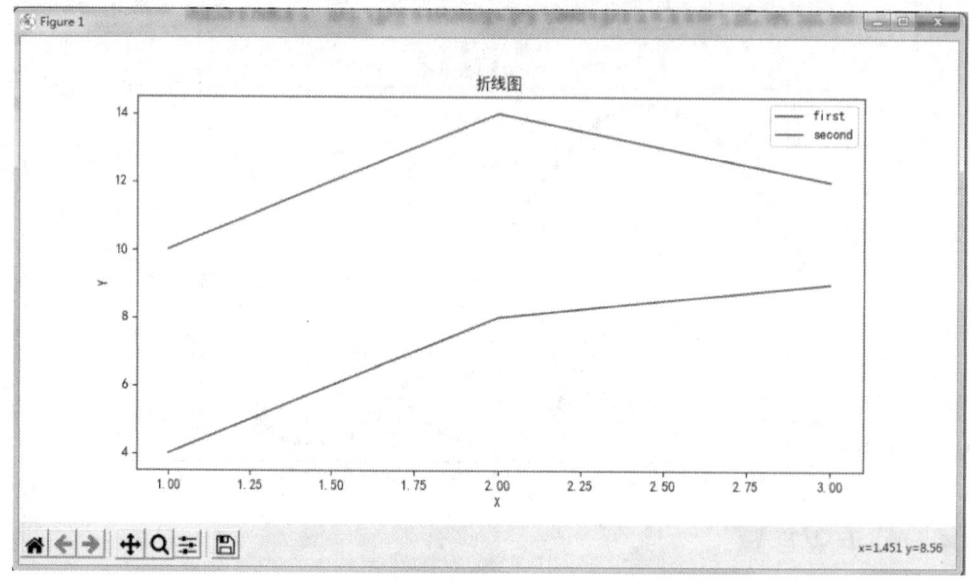

图 8-9　绘制折线图

2. 绘制条形图

条形图（bar chart）是用宽度相同的条形的高度或长短来表示数据多少的图形。条形图可以横置或纵置，纵置时也称为柱形图。可以用 bar( )函数来绘制条形图。条形图常用来描述一组数据的对比情况，例如，学生成绩分布情况，一周 7 天每天的城市车流量等。

【例 8.22】 已知学生成绩各分数段的人数，编程绘制学生成绩人数对比图。

分析：分数一共分为 5 段：优秀、良好、中等、及格、不及格，将这 5 段作为条形图的标签，条形图的颜色通过随机数生成，np.random. rand(N * 3).reshape(N,-1)表示先生成 15(N * 3)个随机数，然后将它们组装成 5 行，那么每行的 3 个数就对应了颜色的 3 个部分。

程序代码如下：

```
import matplotlib.pyplot as plt
import numpy as np
plt.rcParams['font.sans-serif'] = ['SimHei']
N=5
```

```
x = np.arange(5)
data = [5,14,28,8,3]                                       #各分数段的人数
colors = np.random.rand(N * 3).reshape(N,-1)                #随机设置颜色
labels= ['优秀', '良好', '中等', '及格', '不及格']
plt.title(" 成绩分布图")
plt.bar(x, data, alpha= 0.8,color=colors,tick_label =labels)
plt.show()
```

程序运行结果如图 8-10 所示。

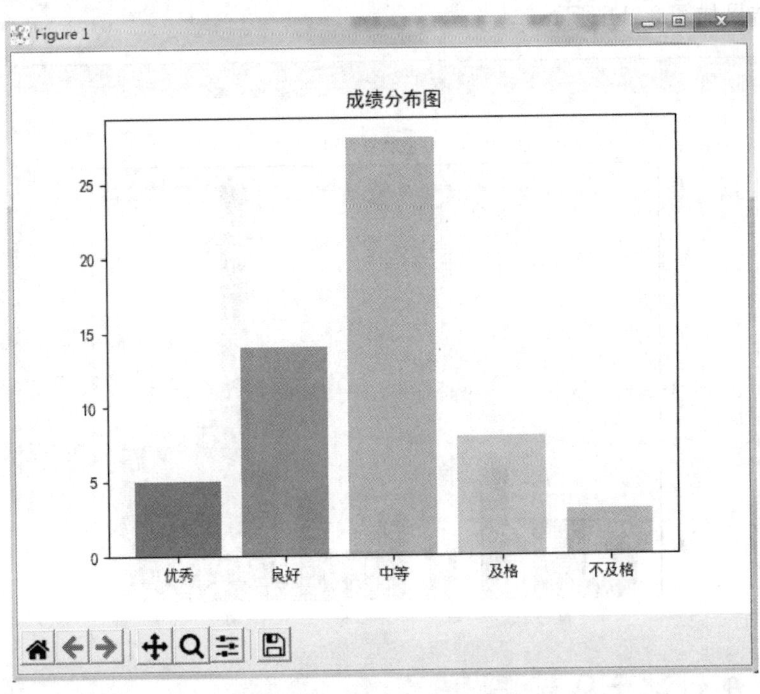

图 8-10　绘制条形图

3. 绘制直方图

直方图是以数据组的各个数字为横轴，各个数字在组中出现的次数为纵轴。直方图是一个可以快速展示数据概率分布的工具，直观易于理解，在数据分析和处理方面被广泛应用。直方图可应用 hist( ) 函数绘制。

【例 8.23】 有一个包含学生考试成绩的数据文件“成绩 . csv”，利用该数据文件绘制直方图以统计各分数段的人数。

程序代码如下：

```
import matplotlib.pyplot as plt
import numpy as np
plt.rcParams['font.sans-serif'] = ['SimHei']                #设置显示中文
fp=open('成绩.csv','r')                                     #打开文件
data=[float(line) for line in fp]                           #读数据
```

```
#data：包含数据的数组，20：条形图的数量，edgecolor：边界颜色
plt.hist(data,20,color='g',edgecolor='b')
plt.xlabel('成绩')
plt.ylabel('人数')
plt.title(" 成绩直方图")
plt.grid()                                    #显示网格
fp.close()
plt.show( )
```

程序运行结果如图 8-11 所示。

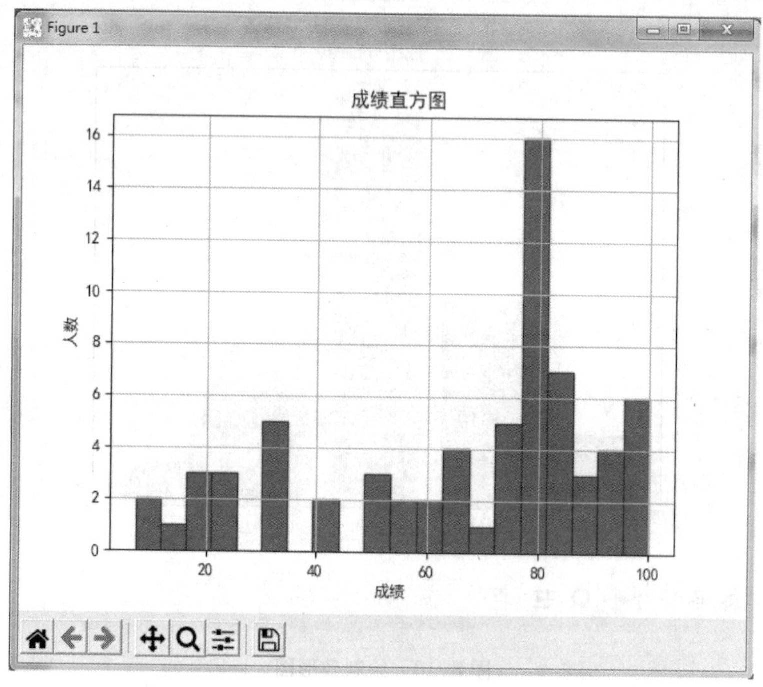

图 8-11　绘制直方图

4. 绘制饼图

饼图适合展示总体中各个类别数据所占总体的比例。饼图通过一定面积和不同颜色的扇形显示所对应类别的比例以%为单位，所有比例加起来为固定值 100%。饼图可以使用 pie( ) 函数绘制。

【例 8.24】 已知小明每周运动的时间总数为 8 小时，具体时间分配为：

跑步（2 小时）、羽毛球（1 小时）、游泳（2 小时）、排球（2 小时）、篮球（1 小时），请编程绘制小明的运动时间分配饼图。

程序代码如下：

```
import matplotlib.pyplot as plt
plt.rcParams['font.sans-serif'] = ['SimHei']
slices = [2,1,2,2,1]
```

```
activities = ['跑步','羽毛球','游泳','排球','篮球']
cols = ['y','m','r','c','g']
plt.pie(slices,
        labels=activities,
        colors=cols,
        startangle=180,
        shadow= True,
        explode=(0,0,0.1,0,0),
        autopct='%2.1f%%'),
plt.title('时间分配饼图')
plt.show()
```

程序运行结果如图 8-12 所示。

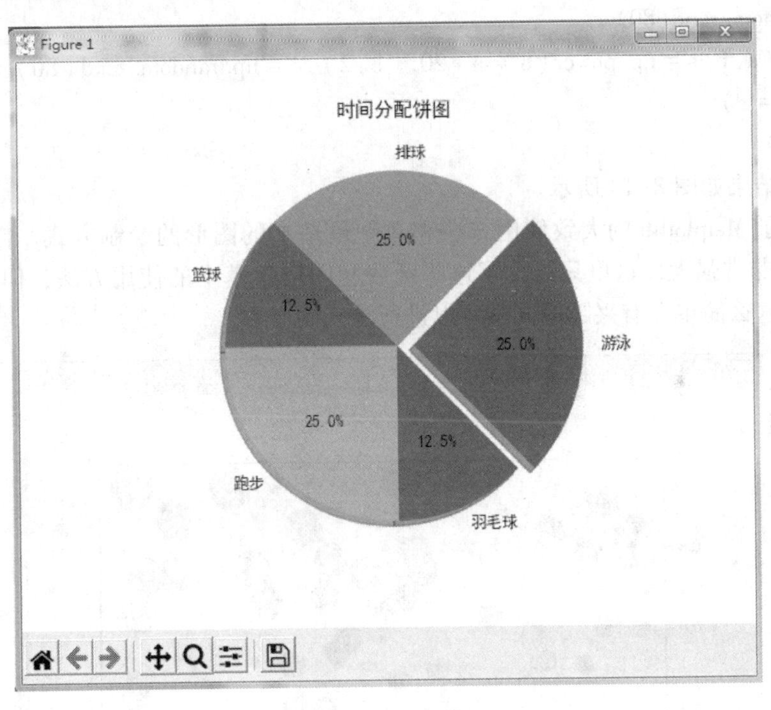

图 8-12　绘制饼图

pie()函数各项参数的含义如下：

- slices：饼图各部分的数据，可用列表给出。
- labels：各部分数据对应的标签
- startangle：饼图起始绘图角度
- shadow：是否有阴影，True 为有阴影，False 为没有阴影
- explode：需要突出显示的数据位置及突出量，不突出的数据取 0，突出的数据一般用小数表示。

- autopct：圆里面的文本格式，'%2.1f%%'表示整数有2位，小数有1位的浮点数。

5. 绘制散点图（气泡图）

散点图用在回归分析中，表示数据点在直角坐标系平面上的分布情况。散点图表示因变量随自变量变化的大趋势，据此可以选择合适的函数对数据点进行拟合。一般用两组数据构成多个坐标点，考察坐标点的分布，判断两个变量之间是否存在某种关联或总结坐标点的分布模式。散点图将序列显示为一组点，值由点在图表中的位置表示，类别由图表中的不同标记表示。散点图通常用于比较跨类别的聚合数据。散点图的绘制通过 scatter()实现。

【例 8.25】绘制散点图。

程序代码如下：

```
import numpy as np
import matplotlib.pyplot as plt
a=np.random.rand(80)
b=np.random.rand(80)
plt.scatter(a,b,s=np.power(8*a+20*b,2),c=np.random.rand(80),marker="o",
edgecolors='r')
plt.show()
```

程序运行结果如图 8-13 所示。

以上给出了 Matplotlib 的大致使用方法和几种最基本的图形的绘制方式。需要说明的是，Matplotlib 功能非常强大，这里只给出了这些函数和图形最基本的使用方法，但实际上，它们的功能远不止这么简单，有兴趣的同学可以进行深入的学习。

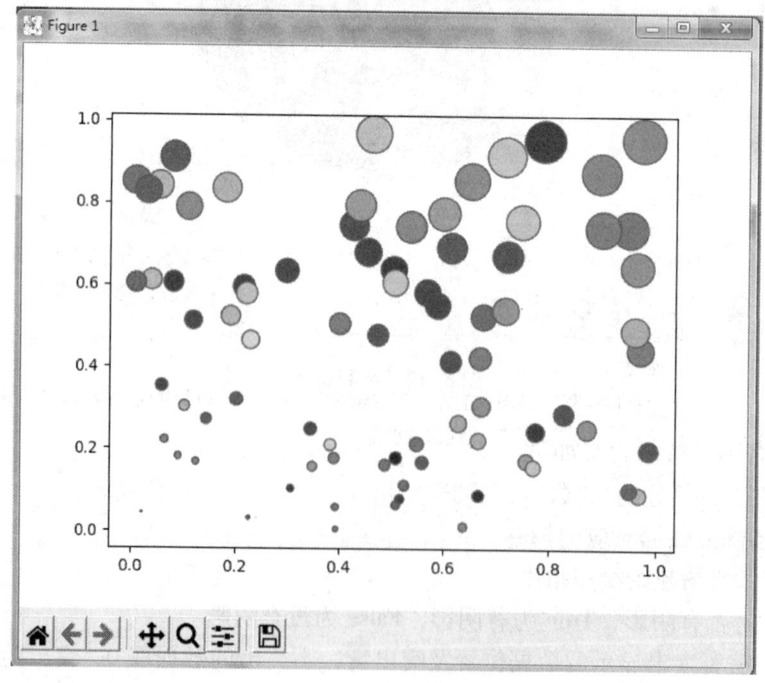

图 8-13 绘制散点图